合一的建筑

查金荣 著

中国建筑工业出版社

图书在版编目（CIP）数据

合一的建筑 / 查金荣著. —北京：中国建筑工业
出版社，2023.10
ISBN 978-7-112-29136-6

Ⅰ.①合… Ⅱ.①查… Ⅲ.①建筑设计—研究—苏州
Ⅳ.①TU2

中国国家版本馆CIP数据核字（2023）第174604号

责任编辑：丁洪良
责任校对：姜小莲

合一的建筑

查金荣　著

*

中国建筑工业出版社出版、发行（北京海淀三里河路9号）

各地新华书店、建筑书店经销

北京锋尚制版有限公司制版

临西县阅读时光印刷有限公司印刷

*

开本：787毫米×1092毫米　1/16　印张：16¼　字数：310千字

2023年10月第一版　　2023年10月第一次印刷

定价：**198.00**元

ISBN 978-7-112-29136-6

（41795）

查金荣

1967 年生于中国苏州

启迪设计集团股份有限公司总裁、总建筑师

江苏省设计大师

国家一级注册建筑师

研究员级高级工程师

国务院政府特殊津贴专家

江苏省住房城乡建设系统劳动模范

江苏省五一劳动奖章

序

收到查金荣总建筑师《合一的建筑》专著样书，甚为欣喜。

翻开这本装帧清雅隽秀的专著，阅读品味，体会其中图文的含义和其背后的思想，仿佛是和查总在面对面的交流。他以一贯的不疾不徐、娓娓道来的表达风格，将其倡导的建筑应当与环境对话，强调建筑必须尊重城市与环境，融合历史与文化的"对话与合一"设计理念，结合精彩的设计项目，一一呈现在了这本专著中。

查总系清华大学建筑学院1985级校友，研究生毕业后，30多年来一直耕耘在建筑创作的第一线，从建筑师做起，直到成为设计集团首席总建筑师、江苏省设计大师。尽管他现在已经是企业高管、省优秀企业家，但我更敬佩他始终专注和倾心于建筑创作的职业精神和独立思考的能力。他在书中谈到"设计，既要师法自然，也要不断拓展边界"，正是这样一种执着，使他30多年来不仅创作项目多达130余项，且获奖颇丰，同时还能思想不停、笔耕不辍，从撰写论文，到完成《合一的建筑》这样一部专著。在他的很多创作项目中，都可以看到将城市更新的理论研究和实践的结合。他所主张的在城市更新中运用"织补"与"链接"的理念，获得了广泛认可以及众多奖项，其中太湖国际会议中心、金鸡湖国际会议中心、苏州市会议中心改造、东山宾馆等项目就是其理论与实践结合的优秀案例，这些都在本书中有所呈现。

城市作为一个复杂巨系统，功能要素的复杂性、目标的多元性、相关利益平衡点的多价值取向等，都使得我们今天的城市建设、更新发展与建筑创作面临着更复杂的挑战。在新时代、新要求下，城市更新与古城保护也面临着传统与现代、保护与发展如何更好地权衡这样一个时代命题。查总主持完成的苏州潘祖荫故居修复再利用、苏州人民路沿线整体改造更新工程、星海街9号创意办公空间改造等诸多项目，都很好地呈现了在苏州这样一个历史古城中如何更新与活化。查总将这些思考与实践凝练成理论，并在创作之余将它们一一记录下来，梳理整合为《合一的建筑》这本专著，实属难能可贵。

查总作为资深建筑师，几十年的职业生涯，使他在建筑设计上游刃有余，然而他对建筑设计的认知和理解，以及凝练出的观念和理论，足以使他能驾驭各种复杂的建筑项目，尤其是在借鉴中国传统建筑精髓融合当代建筑创作的实践与探索方面更是值得称道，这也形成了他的建筑创作理论与实践的主线。

很多建筑师都认为他们有权用建筑实现个人的追求和表达，显然这种刻意的自我标榜会背离职业建筑师的信条，会让社会、环境和空间丧失意义、功能和公平。查总作为一名职业建筑师，特别是一家大型建筑设计企业的首席总建筑师，他30余年来的创作与理论探索无疑是一种职业精神和社会责任的体现，这也与国际建协UIA宪章所定义的建筑师的职业主义精神相契合。也正是基于这样一种思考和价值观的坚守，使得他在创作生涯中持续呈现出一种恒定和统一的价值取向，那就是"合一"的精神实质。

这是一本值得建筑师同行们参考学习的专业读本，也是普通读者了解建筑创作和职业建筑师设计心路的一本有益读物。

祝贺本书的出版。

庄惟敏

2023年6月

前言

我在苏州的太湖边出生长大，从小浸润于太湖的山水间。江南好，风景旧曾谙。自1990年大学毕业后，我一直工作、生活在苏州，从事建筑设计已三十多年。枕河的重重民居，精雅的园林院落，一直镌刻在我的记忆中。在改革开放的浪潮中，苏州越来越大，建筑越来越高，日新月异的同时却令人越来越陌生。这座有着两千五百年历史的城市蕴藏着怎样的智慧？在高速发展的时代，传承城市人文精神的钥匙又是什么?我想到了"合一"二字。"天人合一"是中国哲学思想的核心：和谐、有序、共生，这也是建筑应遵循的原则。

合一作为一种认识

"合一"是认识事物的一种方式。《道德经》认为："道生一，一生二，二生三，三生万物。"同时，万物通过融合共生，可以成为一个和谐的整体。一个地球，却衍生出多姿多彩的万物；而万物又组成共同的家园。"合一"的设计，就是系统整合各种元素，共生融合成为最优化的整体，达到和谐共生的状态。

建筑最初只是人类用来遮风挡雨、获得安全感的庇护场所，通过引入阳光、新鲜空气和户外自然风景，建筑逐渐成为人与自然融合的媒介。考古发现，我国在夏朝出现了最早的廊院；在商周时期出现了最早的四合院，把一小片经改造的土地圈进了自己的领地。随着对自然的认识深化，对技术的驾驭也越来越成熟，人们有意在建筑中加入更多的自然元素，如山水林石等，园林由此诞生。后来，不同功能的建筑、园林组合成为城市，技术的发展又让城市变得越来越大、越来越高，功能也越来越复杂多元。由此看来，"合一的建筑"在事物发展的不同阶段，表现为不同的方式与形式，作为人与自然和谐共处的媒介，共生融合、唯精唯一。

建筑以"形"存在，《易经》提出："形而上者谓之道，形而下者谓之器"；建筑作为"器"必须满足功能需求，而建筑要承载"道"，就需要设计师将自身的思想和能力，整合自然、历史、文化的各种元素，精雕细琢，形成兼具文化内涵和自然属性的作品，此即"宇宙在乎手，万化生乎身"。

在苏州太湖文化论坛项目中，功能上需要安排各种体量的会议、交流、宴会发布及展示空间。场地靠近太湖岸线，是一个远处见山、周边低平的狭长地块。作为国家级文化作交流合作的永久会址，需要庄重、开放的形象且有特定的文化象征。设计尽可能远离太湖岸线，面向太湖层层退台，与太湖及周边环境形成对话与呼应，较好地解决了功能与环境的关系问题。建筑采用"新姑苏台"的形式，呼应丰富厚重的传统和文化内涵，引导来宾登高望远、抒发情怀，增进对话与合作交流。

合一作为一种方法

"合一"的建筑需要"合一"的设计方法。首先是综合考虑各种因素，包括功能形式、人文内涵、周边环境，选取合适的材料和技术，兼顾后期的实施、使用与运维等；此外还要从时间、空间等不同的维度，思考历史、当下及未来，考虑人在建筑场所内外的感受与体验。这么多要素，需要一个统合、整合与融合的过程，统筹兼顾，权衡利弊。设计师也要将自己的专业能力、思想品位甚至内心情感赋予作品，从而实现"合一"的设计。

苏州工业园区星海街9号的启迪设计办公楼，是由一个单层的工业厂房改造而成的绿色三星级健康示范项目，同时要求严格控制造价。在设计上，将苏州的传统院落和园林融入环境与建筑中，实现文化内涵的"合一"。从技术角度考虑，苏州属于夏热冬冷地区，对保温、隔热、通风、采光均有较高要求，因此在设计中加入了多项绿色节能技术，包括立体式绿化、自然通风系统、可开启天窗、光导管采光等，实现技术上的"合一"。从空间组合的角度考虑，在大体量的体块中，通过置入内庭院，四周布置开敞的环廊，在内庭院与环廊设计立体式绿化，有效解决了建筑的自然采光通风及遮阳问题。置入的内庭院成为员工放松休息的场所，攀援的植物也有舒缓心情的效果。

合一作为一种情怀

情怀是来自心底的情感。因为对江南有深厚的感情，所以常"怀"于心。既怀古，也怀今；既怀民，也怀山川草木。怀的东西多了，设计的牵绊就多，矛盾也多，便不得不借助"合一"的智慧，寻求矛盾的调和解决。

情怀也是责任。在建筑实践和生活体验中，"合一"是一种理想状态，"合一"的达成需要全局责任意识，它不仅涉及利害关系，还源于以个体之有限力量奉献于整体的价值取向与精神觉悟。

情怀也来自愿景。当世上所有的嫌隙都被弥合，人与自然和谐相处，美美与共，天下大同……愿景，正因其高远而能成为信仰和追求。

在启迪设计大厦的设计中，延续了星海街9号办公楼的创意情怀，更多地运用计算机模拟的技术，将绿色建筑做到更加精细。在人与自然、人与人、人与历史传统等的"合一"方面，再次选择了"院落"与"环廊"的空间原型。启迪设计大厦在竖向上设置了7组通高的共享空间，暗合了苏州民居中"七进"院落的空间意象；塔楼上每四层置入一环廊层，暗合苏州园林中"游廊"的意趣。"空中庭院"和"空中环廊"提供了欣赏周边城市美景的绝佳视角。"空中庭院"和"空中环廊"中布满绿植，实现人与自然的"合一"；作为员工休息与交流场所，促进了人与他人、与集体的"合一"；"空中庭院"和"空中游廊"对于传统民居院落格局与园林空间的传承，则是现代与传统的"合一"。

我国宣布"到2035年基本建成气候适应型社会"，将生态文明建设提高到国家战略的高度。在国家战略的指引下，会有越来越多的人投身此伟大事业，人与自然和谐共处，已成为全社会的共识，而作为建筑师，我愿尽专业所能向此愿景日拱一卒。

今将平日点滴思索和跬步之行收编成集，既是对往日的总结，也是对未来的展望，同时吐露心声以求同好者，渴望求得同行的真知灼见。

目录

1

江南印象

1.1　湖畔论道——苏州太湖国际会议中心

苏州市吴中区，2007

太湖文化论坛国际会议中心位于苏州太湖之滨，设计从历史的文脉出发，借喻姑苏台，将建筑与自然山水融合，会议中心不仅提供了文化论坛的交流空间，其本身也是一处观湖览胜的景观空间。

建设背景

  苏州太湖国家旅游度假区位于苏州城西15公里外的太湖之滨，是1992年国务院首批批准的12个国家旅游度假区之一。在有关专家的呼吁和建议下，经国务院相关部门的批准，于2007年12月正式成立了中国太湖文化论坛。太湖文化论坛集会议、展览、交流等功能为一体，旨在弘扬传统文化、促进国际交流。苏州太湖国际会议中心作为中国太湖文化论坛的永久会址，其建筑形式既体现了太湖山水开阔包容的风格，又融合了苏州园林曲径通幽的空间布局。

建筑立意——文化传承

"二月尽头三月初，系船杨柳拂菰蒲。姑苏台上斜阳里，眼度灵岩到太湖"，这是宋朝杨万里上姑苏台写的一首纪游诗，题为《泊船百花洲登姑苏台》。诗中吴王夫差为西施所建姑苏台早已淹没在两千多年的历史尘埃中了，但在苏州人心中却留下了泊船百花洲、登高姑苏台、远眺太湖水的情结，而太湖之滨的这块选址正是契合这一情结的绝佳之处。本项目的总体规划始终围绕着"百花洲"——市民公园、"姑苏台"——国际会议中心、"太湖水"——主景观区三个中心设计。

"姑苏台"——国际会议中心的主体建筑位于西北小横山和南部湿地公园湖心亭的中轴线上，建筑采用"姑苏台"这一立意。结合平面功能的排布，建筑呈层层退台的形式，各层退台上或是绿草葱葱，或是平台广开，每层退台分别蕴含了水、云、山等主题，最后到达建筑的制高点——望湖阁。高台与开阔的湖面相映，形成了舒适的视野，并与自然山脉融为一体。退台的处理手法减小了会议中心庞大体量对太湖景观的压迫感，各层平台既是会议期间嘉宾们休息交流的场所，又是平时市民览湖观景的休闲胜地。

会议中心主体建筑地上四层、地下两层，总建筑面积55756m²。地上一层、二层主要由2000人多功能厅、600人报告厅以及大小会议室、展厅组成；地上三层、四层为国际会议厅及办公室；地下室主要为汽车库和设备用房。会议中心主入口位于建筑东侧，进入大厅后，可以通过垂直交通的电梯组和自动扶梯，方便到达建筑的各个楼层。

主体建筑西南侧是餐饮接待楼，二者既联系便捷，又可以各自独立运行。餐饮接待楼总

建筑面积10026m²，采用散点式的布局方式，形成一组两层的半围合建筑，宛如小家碧玉静立在"姑苏台"之侧。会议中心主体建筑的简洁直线条与水天相连，体现了太湖的开阔与包容，而餐饮接待楼的柔美曲线藏于树林深处，则是融合了苏州园林的静谧与清幽。当论坛嘉宾在会议中心热烈交流后到达这处毗邻的餐饮接待楼，在享用美食、茶点的同时从绿树掩映中望向太湖山水，让身心得到放松，更能体会苏州的安静与恬美。

在交通流线设计中，重点考虑了外部车行路线、贵宾车行路线、礼仪参观路线的分区设置，避免车辆拥挤、混杂。接待区入口从烟波路西段进入，会议中心入口从烟波路中段进入；在湖滨大道上，结合湖心亭设计了一条礼仪步行入口，可从面向太湖的礼仪广场进入，跨越圆弧单孔桥，到达论坛国际会议中心，为会议期间的媒体推广创造条件。

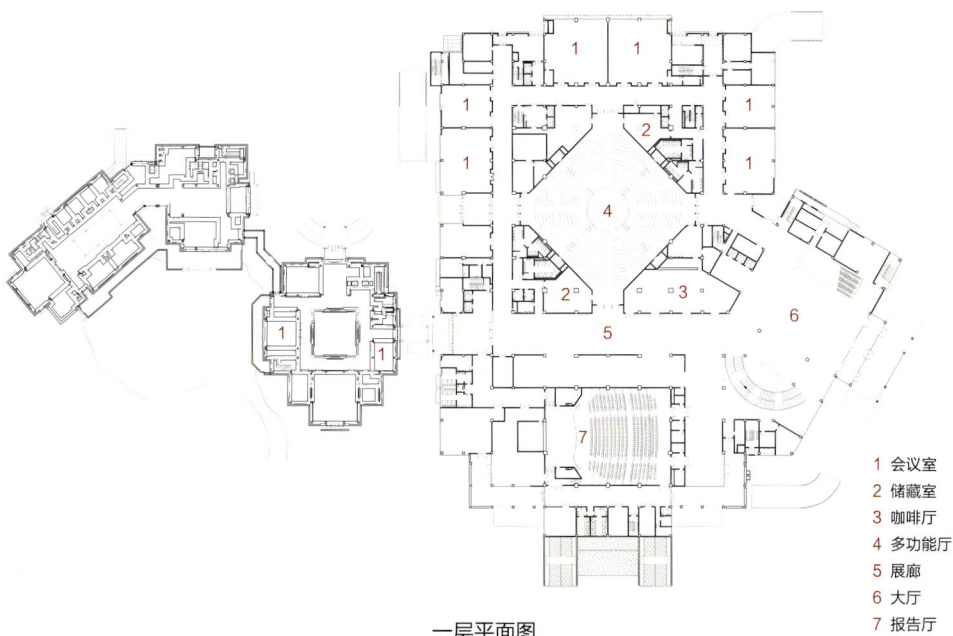

一层平面图

1 会议室
2 储藏室
3 咖啡厅
4 多功能厅
5 展廊
6 大厅
7 报告厅

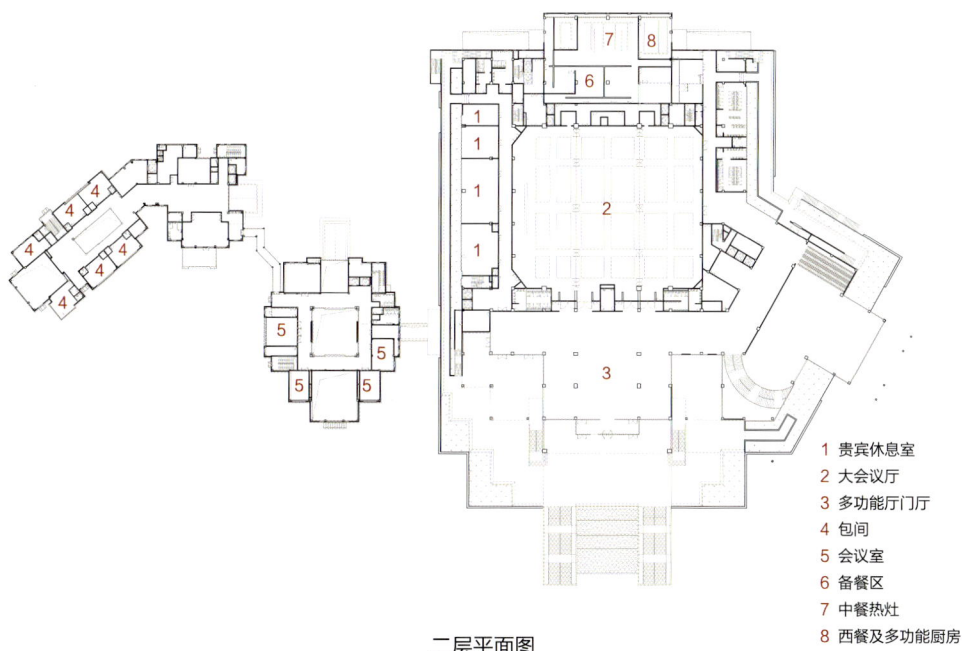

二层平面图

1 贵宾休息室
2 大会议厅
3 多功能厅门厅
4 包间
5 会议室
6 备餐区
7 中餐热灶
8 西餐及多功能厨房

景观主旨——天人合一

景观的设计灵感来源于"天圆地方"的宇宙观，圆形的景观步道构图与方形的论坛体块相呼应，景观轴从建筑的礼仪轴线向南延伸至太湖中的湖心亭，亭子四周设计了浮生水草、喷泉和湿生植物，形成以湖心亭为中心的"天"的概念。水中点缀水下灯和浮筏渔灯，宛如天宫繁星，形成自然生动的景观空间。景观轴北侧的圆弧单孔步行桥连接着太湖和论坛建筑，寓意着天地相通。

在"姑苏台"——国际会议中心的东侧是取意"百花洲"的市民公园，通过乔木、灌木、藤本及草本植物的搭配，发挥植物本身形态、线条、色彩的自然美，再现太湖原生植被景观。

结语

孔子说"仁者乐山，知者乐水"，位于山水之间的苏州太湖国际会议中心将山水意境融入建筑、景观的设计中，期待在此进行文化交流的嘉宾能尽享这观山之乐、赏湖之美。

1.2 雅园佛心——苏州慈济园区

苏州市姑苏区，2008

苏州慈济园区在努力满足台湾慈济的功能与文化内涵的同时，力图在建筑空间、立面造型、色彩细节等方面充分融入苏州传统建筑特色，延续了苏州城市的文脉记忆，使建筑与城市空间相互融合，为苏州古城区增加了一张新的文化名片。

沿护城河俯视园区

慈济及其建筑文化特色

台湾慈济慈善事业基金会是由证严法师于1966年创办的著名佛教公益组织，是台湾地区最大的民间慈善机构。慈济在世界五大洲都设有分会和联络处，其从事的慈善、教育、医疗、文化、国际赈灾、骨髓捐赠、环境保护和小区志工，被誉为台湾爱心奇迹的"一步八脚印"。

经过四十多年的发展，慈济在世界各地兴建了大量的医院、学校、讲堂等公共建筑。慈济的建筑文化秉承证严法师所倡导的大爱精神，无论是建筑风格、平面布局、园林绿化、装饰用材，体现出朴实无华、内敛雅致、与环境和谐共生的特点。

花莲静思精舍与静思堂是慈济的代表建筑，后期慈济在世界各地所建的园区均以此为样板，如高雄冈山慈济志业园区、斯里兰卡国立慈济中学及社区中心等。

花莲静思精舍

  1968年，慈济功德会建造静思精舍，采用唐式建筑风格，大殿的主立面人字形屋脊寓意慈济"以人为本"的宗旨，3个屋脊分别象征"佛、法、僧"，立面上的4根立柱象征"四无量心"（慈、悲、喜、舍）的精神。静思精舍屋顶原本计划铺设日本黑瓦，为防止天灾带来的损害，后改用水泥浇筑"瓦非瓦"。大殿庄严朴实中散发着清净的禅风，充满平和与宁静。这座白色雅致的小建筑虽然没有金碧辉煌的装饰，但慈济人却把静思精舍看作心灵的故乡，是慈济人精神的皈依处。

花莲静思精舍

花莲静思堂

三叠屋脊象征"佛、法、僧"

花莲静思堂

花莲静思堂位于花莲慈济文化园区，主立面呈现为静思精舍的放大版，外观上追求古朴与时代性的融合。白与灰的色调、仿唐式高耸飞檐则为外观增添庄严宏伟之姿。屋顶的三叠人字造型象征"佛、法、僧"，8根立柱象征"八正道"，正面主入口的铜门绘有12个不同故事的浮雕，象征"十二因缘"。屋顶为钢构架，屋面由4个弧面组成。主屋顶由2万片铜瓦铺筑，因铜瓦质轻、耐久，长期的氧化作用铜片会变绿，极具古意。石作的栏杆，以功德会会徽及莲花造型取代传统设计。

静思堂内规划有国际会议厅、感恩堂、讲经堂、文物展示廊等，它是一座佛教的精神宝库，默默地进行着一场"无声的说法"。

苏州慈济园区（志业中心）项目缘起

2008年2月，国台办正式批准慈济在中国大陆地区成立慈善事业基金会。为了更好地开展慈善工作，慈济慈善事业基金会决定在苏州兴建苏州慈济志业园区。项目选址在苏州古城区西护城河边的苏州二十一中学旧址上，功能包括静思堂、静思精舍、高科技健检中心、慈济博物馆、慈济培训教育中心和慈济志业中心，是一个功能全面的综合性建筑群。

设计解题

基地概况

项目基地北靠景德路，东临高井头弄，西侧和南侧紧邻护城河，风景秀丽，视线开阔，是环古城护城河景观绿化带上的一个重要节点。基地内部保留了两栋中华民国时期的历史控制性保护建筑——"朱宅"和"苏民楼"。基地靠近苏州古城历史文化保护街区——闾门，属于文物保护单位建设控制范围，受苏州历史文化名城保护规划的限制，应以审慎的态度对待。

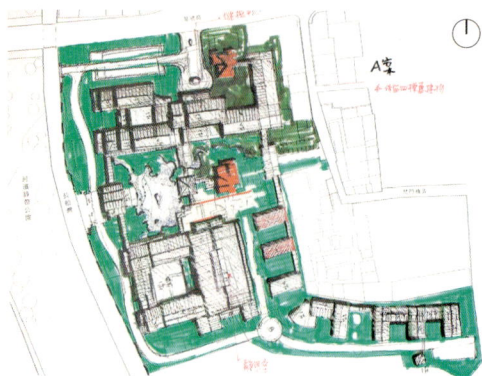

历史建筑保护

慈济文化体系完整、内容丰富，审美取向特点鲜明，在苏州慈济园区规划与设计中，这一特色必然要展现出来。同时考虑基地所处的特殊位置，注意苏州城市文脉结构的延展问题，以及建成后的建筑与苏州环古城河景观带的相互影响；基地内部又有两栋历史控制性保护建筑，文物建筑保护问题也不能忽略。这些既是设计的制约因素，又是宝贵的资源条件与构思源泉。

方案初期，考虑将两栋老建筑原址保护，新建筑穿插而建，新老建筑成为一个整体。但是为了老建筑结构安全和施工方便，最后采用建筑整体平移的方式将两栋老建筑移到整个规划区域的东南角。由于这两栋建筑的基坑不深，在每道墙下用钢性托架托起，依靠轨道上的滚轴带动托板将房屋平行移动，并采用先进的平移控制系统实时监测移动过程中的形变，最终实现两栋房屋平移安置落地。房屋平移技术是协调文物保护与城市改造矛盾的一个比较有效的措施，对于拥有大量文物建筑的苏州地区，这次的平移工程提供了一个很好的经验。

总图布局

苏州传统空间形制是在二维维度上具有丰富"深度"变化的内向小尺度院落空间组合，这里的"深度"指的是人对空间层次性的感受。这种内向小尺度的静态空间组合形成了苏州"内敛克己"的建筑特点，但与现代人要求以开放的心态感受世界、体验空间的诉求是矛盾的。如果严格按照传统空间形制组织建筑空间布局，则不符合现代生活需要；同时受到苏州历史文化名城保护规划对建筑高度的限制，要在有限的土地面积中容纳多样复杂的建筑功能，仅仅依靠在二维维度上展开是很难实现的。我们考虑集约化的土地利用方式，建筑群体化整为零，将建筑群体地下连成一体、地面分栋，化为小体量建筑，在三维维度上组织院落，形成集约型院落空间。

项目总体布局以静思精舍为核心，将静态院落空间与动态社交广场结合。设计时，将慈济博物馆、静思堂、高科技健检中心门诊部围合成的外向社交广场的"深度"变小，宽度加大，满足大量人流的集散和对环境、实际使用等方面的要求。对慈济培训教育中心、慈济志业中心和高科技健检中心住院部围合成的内向院落广场，以及建筑内部、建筑之间、建筑与外部空间之间，设计时尽量在水平和垂直面上增加空间的"深度"，构造丰富的空间层次感。

　　例如沿护城河寮房的入口与古护城河之间，运用苏州园林分景、引景的设计手法，通过院墙和花窗形成"隔而不隔，界而不界"的效果，从院墙围合出的庭院空间曲折进入，感受丰富的空间体验。从古护城河上看向园区，精致的花窗、小巧的体量，使建筑的"力场"延伸到基地的外部。地下室朝庭院空间打开了一些天井，既解决通风采光的问题，又在垂直面上增加了空间层次，加强了院落空间的观赏性。

　　集约型院落空间解决了复杂的交通流线，符合现代生活的要求，在建筑之间和建筑内部穿插而建的小尺度院落，增加了院落空间的"深度"，与城市文脉产生"共振"。

　　核心广场、侧向庭院天井、屋顶花园等多维度、多类型的院落空间组合起来，解决了多功能、大体量、大进深建筑内部的采光通风问题，在节能环保的同时，使自然和建筑、内部与外部充分交融，符合慈济环保节能的价值取向。

　　在园区功能单元的布局中，以慈济的大爱精神为指导，暗合慈济慈善的理念，为城市文化增添了新的内容。静思精舍是女众或常住众修行之所，被称为"心灵故乡"，在慈济人心中具有特殊的地位，因此单元布局围绕静思精舍展开：以静思精舍为中心，静思堂、高科技健检中心、培训教育中心、慈济志业中心环绕周围。

1 慈济世界博物馆
2 诊间
3 门厅
4 国际会议厅
5 展示厅
6 门诊大厅
7 研习室
8 交谊室
9 二人寮房
10 十六人寮房
11 庭院

一层平面图

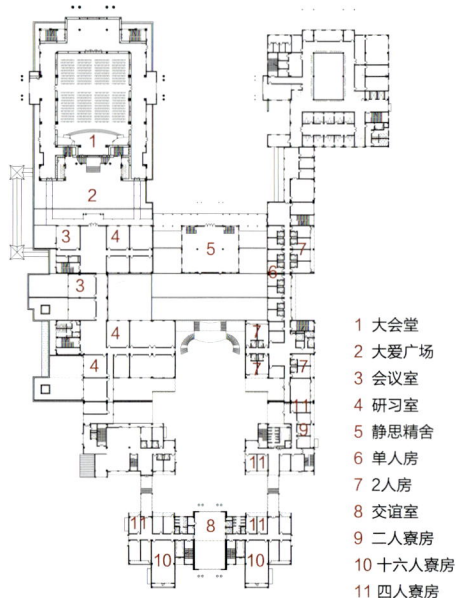

1 大会堂
2 大爱广场
3 会议室
4 研习室
5 静思精舍
6 单人房
7 2人房
8 交谊室
9 二人寮房
10 十六人寮房
11 四人寮房

二层平面图

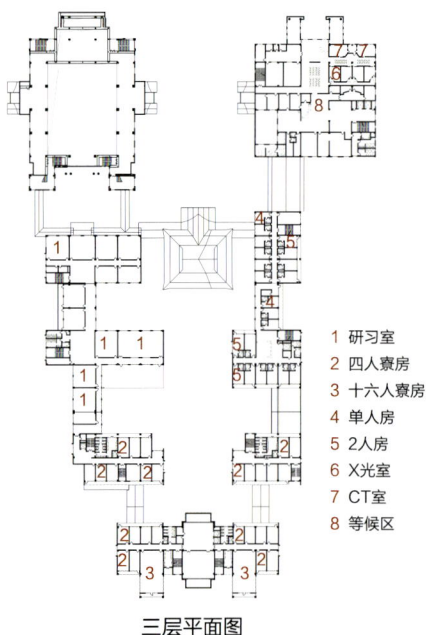

1 研习室
2 四人寮房
3 十六人寮房
4 单人房
5 2人房
6 X光室
7 CT室
8 等候区

三层平面图

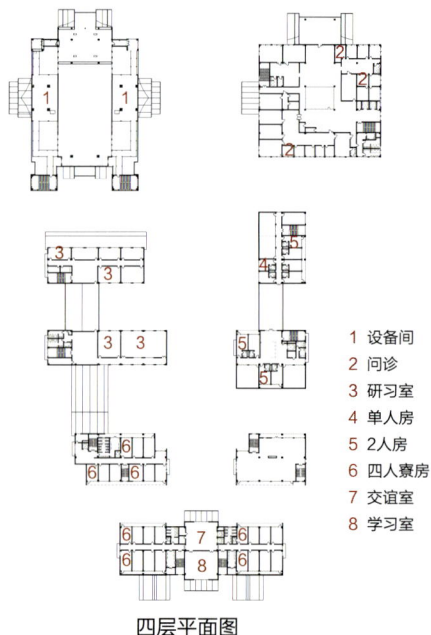

1 设备间
2 问诊
3 研习室
4 单人房
5 2人房
6 四人寮房
7 交谊室
8 学习室

四层平面图

立面造型

由于项目用地毗邻环古城河景观绿地，拥有优越的景观资源。设计时，建筑轮廓采用由西南向东北逐渐高起的形态，利于自然风和阳光的进入，以形成良好的建筑小环境；同时建筑沿河由低到高逐步展开，展现舒展的建筑群体形象，形成良好的沿河景观资源，提升环护城河旅游品质。

慈济以往建筑的山墙造型比较夸张，在建筑立面设计中，经多次沟通并得到证严法师的同意，没有采用慈济一贯的夸张山花造型，而将内涵融入苏州传统建筑的尺度与比例，沿护城河一侧则以游廊、花窗及双坡屋顶与城市相融。

建筑材料与色彩

苏州传统建筑的色彩体系是以黑瓦白墙为基调。新建筑的色彩并没有完全沿用这种色彩基调，而是参考了慈济基于环保的理念，采用灰色陶瓦屋面、水刷石白墙、传统砖细点缀，体现出端庄素雅的韵味，同时也更经久耐用。

建筑细部

在建筑细部的设计中，不仅运用了苏州传统文化元素，也选取了一些具有慈济文化特色的元素。如静思堂的两个主要入口均采用三重檐的处理手法，配以仿城墙的基座，整体形象大气稳重，符合静思堂的功能特点。几个主要建筑的屋脊采用了慈济传统的三宝明珠样式，但屋面坡度及细部处理符合苏州传统建筑的特点。

结语

苏州慈济园区在满足功能与文化需求基础上，力图在建筑空间、立面造型、色彩细节等方面充分融入苏州传统建筑特色，延续苏州城市的文脉记忆，使建筑与城市空间相互融合。

1.3 阡陌江南——冯梦龙村建筑群

苏州黄埭镇冯梦龙村，2018

随着冯梦龙村的逐步建设，村民的公共生活逐渐丰富起来，在文化建筑群建设的带动下，村民自发的建设越来越多。冯梦龙村已成为一张文化名片，也成了乡村振兴一个有代表性的样本。

石新砖厂

张埂上

石桥头

清溪

玉龙亭　四知堂

莲池

戴清亭

游客中心

山歌酒馆

广笑府

运粮码头

梦龙居

冯梦龙故居

冯梦龙纪念馆

油坊

冯埂上

收烟人家

冯梦龙书院

康溪

朴泉园

宗祠建筑 　　　　　冯梦龙纪念馆

纪念性文化建筑
重塑乡村文化根脉

戏台建筑 　　　　　山歌文化馆

娱乐性文化建筑
承载村民文化生活

坊店建筑 　　　　　卖油郎油坊

坊店型文化建筑
传统作坊文化赋能

冯梦龙与冯埂上

冯梦龙是明末的旷世奇才，在文坛他是一位有才华的作家，三言二拍、广笑智囊，一生著述甚丰；在官场他是一方清官，任寿宁知县期间，他"政简刑清，遇民以恩"，真心实意服务百姓，他的为学为官事迹为人称颂，流传至今。

冯梦龙村位于相城区黄埭镇，其中有一个小村叫冯埂上，村中多是冯姓人家。村子边缘有一座宅院，相传为冯梦龙故居，冯梦龙村之名便从此而来。一个充满才情的文人，一位清正廉洁的官员，一个质朴而传奇的村子，我们的设计故事就从这里开始。

乡村的公共文化建筑

苏州的传统村落中，民居是主体，宗祠、寺观、戏台、坊店、田间、河边，构成了村子里大大小小的公共活动空间。宗祠是在亲缘宗族发展下形成的纪念性空间，戏台是居民节庆及闲暇时消遣的娱乐性空间，作坊店铺则是居民日常生活的消费空间。时代更迭，这些公共空间在如今的乡村中已经式微，冯梦龙村已经没有了宗祠戏台，也没有了传统的店铺作坊，更没有了围绕这些空间的文化生活。

这些文化空间，是乡村世代延续的根脉。那么，如今的乡村，如何延续这些公共文化空间，把它们融入新的乡村生活中呢？

在冯梦龙村的规划中，设计从传统公共空间类型入手，因地制宜，利用闲置农房，在村中布局新的公共建筑体系，其中设置了冯梦龙纪念馆、冯梦龙书院、油坊、四知堂、广笑府、山歌馆等功能空间，通过更新周边废弃的老宅，让它们成为冯梦龙文化的载体，驱动乡村复兴。同时，设计深入研究冯梦龙的思想与文化，将其文学作品中的许多场景呈现在设计中，有卖油郎占花魁的油坊，有唐解元一笑姻缘的画舫，有苏小妹三难新郎的码头……如今的冯梦龙村，经过多年的建设，已形成新的文化建筑群。

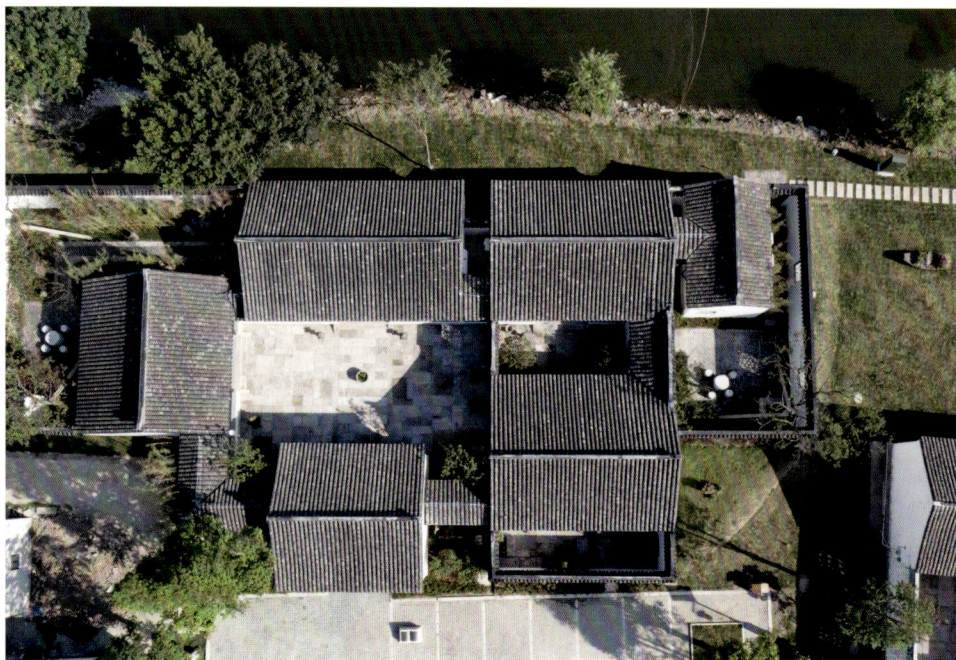

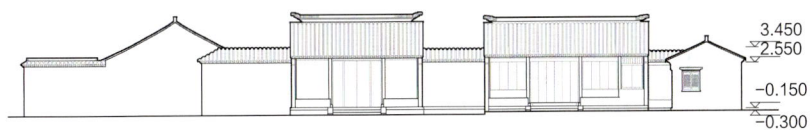

南立面图

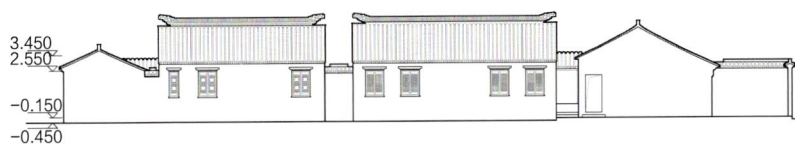

北立面图

冯梦龙纪念馆——纪念性文化建筑

过去的村子，文脉即是血脉，宗祠是一个村子的核心，对如今的冯埂上来说，冯梦龙就是这里的核心。因此设计将冯梦龙纪念馆置于冯梦龙故居旁，与东西两翼的冯梦龙故居、冯梦龙书院围合形成广场，作为村中的核心公共空间。建筑组团按照传统民居院落格局设计，采用传统木结构，建筑总面积为394.1m²，主要作为纪念冯梦龙其人其事及其高尚品格而建的展示建筑。冯梦龙的生平事迹已经深入人心，村民家中每有客人到来，都会带他们来纪念馆，给客人们讲解，这里已然成为属于村民的新的纪念性文化空间。对于当代乡村的建设来说，留住乡愁、重建村中的精神根基，是很重要的。

山歌文化馆——娱乐性文化建筑

　　过去逢年过节，村口的戏台便热闹非常，对如今冯埂上的村民来说，戏台早已不见，但骨子里总是有喝茶听书的爱好，山歌文化馆便是为村民建设的一处新的娱乐场所，也是对冯梦龙广泛收集山歌、热衷民俗文艺的一种传承。

　　山歌文化馆在村子的入口处，建筑面积2135m²，设计保留了场地原有的村宅肌理，在东西向场地中，自然生长出三个部分：西侧的山歌酒馆、中间的广笑府书场、东侧的游客中心。山歌文化馆的整体形象与连绵的村舍融为一体，与冯梦龙勤政爱民的形象相呼应。在亲

民之外，冯梦龙有着正直澄澈的心灵，位于场地中心的广笑府主立面，采用整片巨大的镂空砖墙，利用当地砖材与传统砌筑手法，呈现出纯净的"半透明"界面。

在这里，设计对多孔砖和砌筑方式进行了创新。在原有标准八孔砖的基础上，并中间4个孔为一个"大孔"，成为"五孔砖"，中间的大孔置入钢筋浇筑混凝土芯柱，大大增加镂空砖墙的结构强度，横向挑板与砖同厚，完美隐藏了构造柱与圈梁，将砌体结构转化为框架结构，理论上可实现更大的"无缝"砖砌镂空墙。

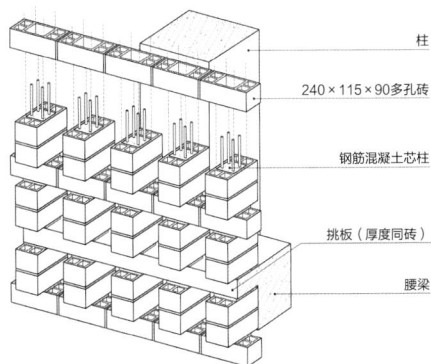

柱

240×115×90多孔砖

钢筋混凝土芯柱

挑板（厚度同砖）

腰梁

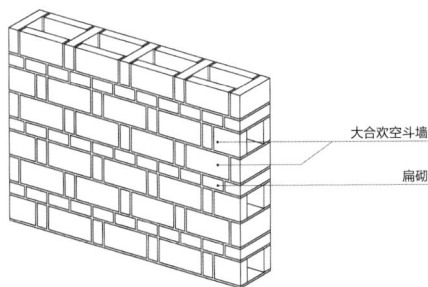

大合欢空斗墙

扁砌

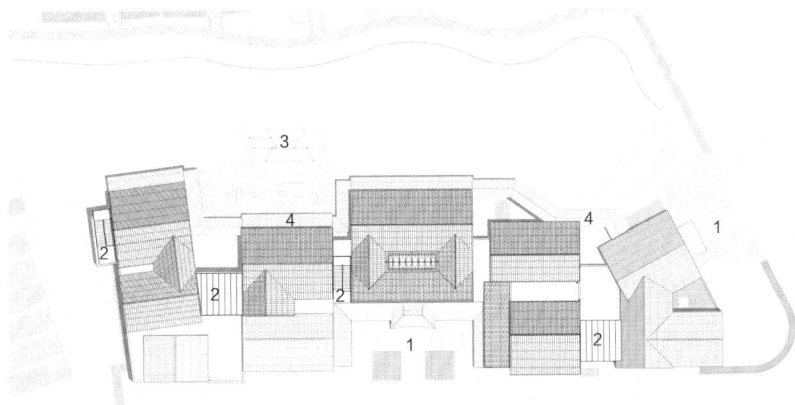

总平面图

1 广场
2 楼梯间
3 戏台
4 连廊

N

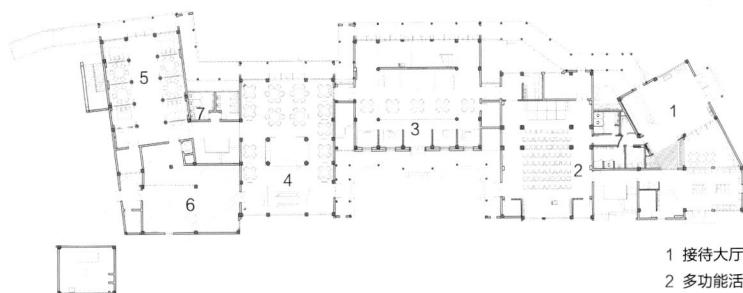

一层平面图

1 接待大厅
2 多功能活动中心
3 广笑府
4 山歌馆
5 包间
6 厨房
7 卫生间

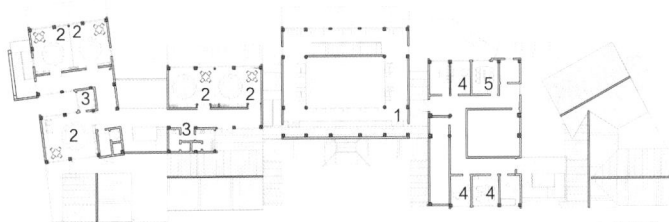

二层平面图

1 广笑府
2 包间
3 卫生间
4 办公室
5 会议室

卖油郎油坊——坊店类文化建筑

过去的乡村，油坊是与村民生活息息相关的地方，如今作坊生产已被工业生产所取代，"孩子能打酱油"的场景已经远去。冯梦龙曾记载过"卖油郎独占花魁"的民间故事，这个故事一直流传后世，各种戏剧广为演绎。

卖油郎油坊原为冯梦龙纪念馆西南侧子犹桥边的一户废弃农宅，经改造重建后，以连廊缀连成一组合院，建筑面积259m²，设计以古法榨油的工序为空间组织，以"卖油郎占花魁"的故事为叙事场景，打造兼具传统榨油展示与民间故事场景的体验空间。每到油籽丰收的季节，张老伯会推动石磨，把油菜籽炸成香喷喷的菜油，实现产供销一条龙，既提高了收入，也实现了农文旅的高度融合。如今，冯梦龙村所产的古法菜油已成为标志性农产品，传统的作坊也得到了新生。对于村民和游客来说，油坊不仅是一个可以品味老味道菜油的地方，更是一个听故事的地方和一处新的体验空间。

结语

  随着冯梦龙村的逐步建设，村民的公共生活逐渐丰富起来，在文化建筑群建设的带动下，村民自发的建设越来越多。冯梦龙村已成为一张文化名片，也成了乡村振兴一个有代表性的样本。

  文化也是生产力，通过对冯梦龙文化的挖掘，活化保留村庄的文化资源，以此来振兴乡村，提高村民的生活品质和文化自信。眼前的河流、稻穗、人群和吴侬细语，向世人讲述着冯梦龙笔下一个个鲜活动人的故事。

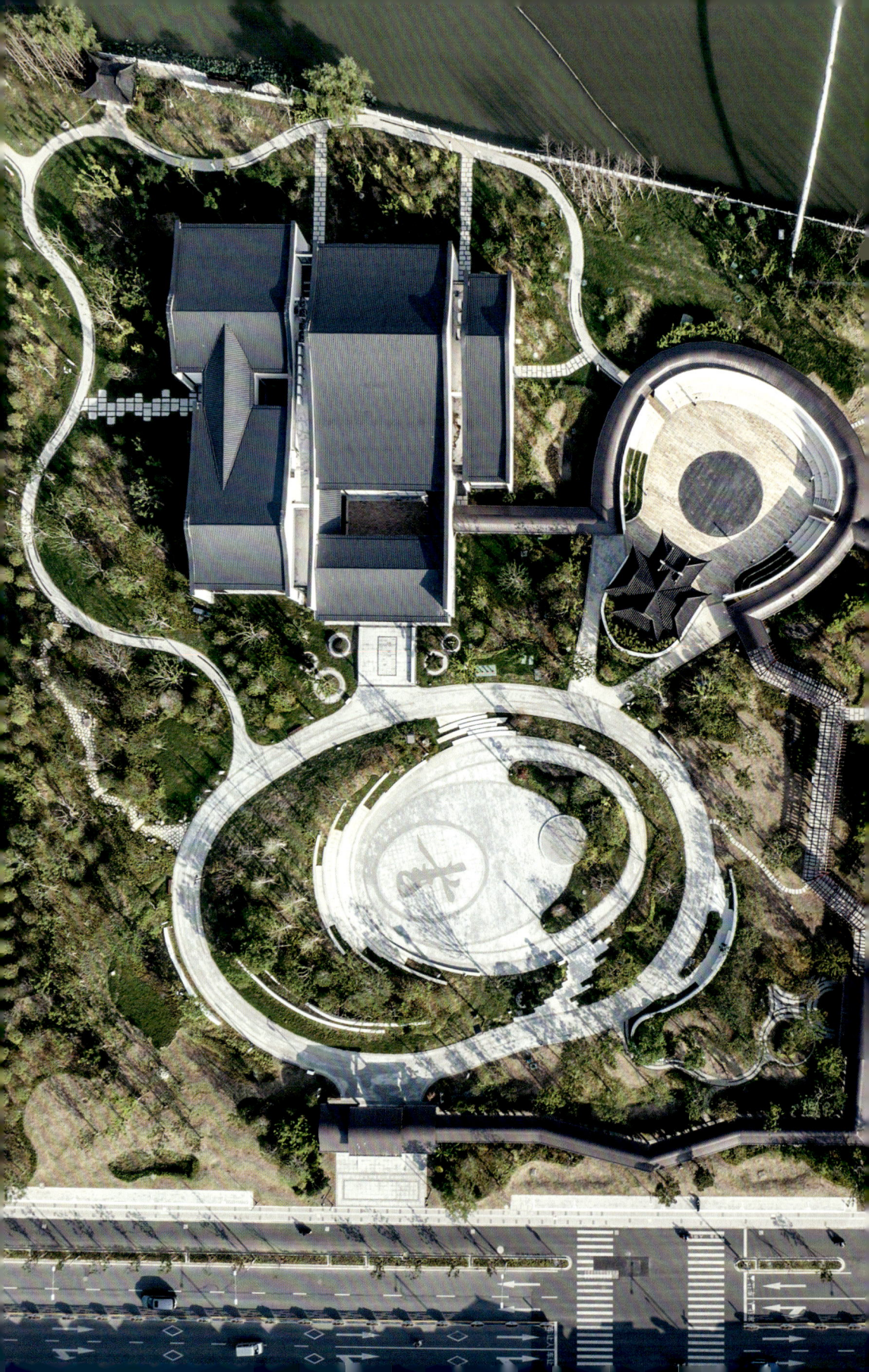

1.4 乡音绕梁——黄埭评弹书场项目

苏州黄埭镇，2022

通过黄埭评弹书场的设计，设计师希望在当代城市化的乡镇中，重建一种评弹文化与百姓生活的关系。它不仅承载了黄埭书坛老码头的历史记忆，更是苏州评弹的一张名片、百姓生活的生动舞台。

黄埭书坛老码头

黄埭古镇在苏州古城西北，历史上曾是吴县最大的说书老码头，最兴盛之时，共有九家书场。这些书场与茶馆，是这里最重要的公共场所，评弹的迤逦之音，曾在这片土地上广为流转。

评弹界素有"说书灵勿灵，要过黄埭老码头"的说法，过了黄埭听客这一关，才能算是合格的评弹艺人。弦索绵延，乡音未改，如今黄埭仍是评弹繁盛之地，走出了许多黄埭籍评弹演员。

随着社会变迁，过去闲来无事茶馆听书的日常已改变，热闹的书场与码头消失了，评弹与百姓生活的关系，也缺少了一个当代的公共场所作为连接。

因此，本项目在设计之初，便希望营造一个与居民生活息息相关的公共场所，重建百姓生活与评弹文化的纽带，重现老码头的盛景。

重现"江南第一书码头"

项目位于相城区黄埭镇裴阳路与春丰路交叉口东南，场地南北为居民区，东临裴家河，其南不远处便是裴家圩，正是河湖交汇之地。

本项目由评弹公园、评弹书场、评弹团、评弹博物馆、商业用房、停车场组成，形成集演艺、办公、餐饮、市民活动于一体的公共活动场所。

本项目的核心建筑是位于场地北侧的黄埭百年书场。其中集合了一处200座的书场，平日售票营业；一处黄埭评弹团，用于剧团平日排练使用；一处评弹传习所，供评弹教学使用；一处镇一级准博物馆，用于展示黄埭评弹的历史资料及相关文物。

书场历来是与茶馆结合在一起的，书场采用了设置茶桌的剧场形式，更适合现代观众的观赏习惯。

过去的艺人通常坐船到各地书场演出，叫做"跑码头"。因场地临河，正是处在河湖交汇的地带，本设计在河边设置码头，重新演绎"江南第一书码头"的热闹景象。艺人演出前，在此登岸进入书场，接受黄埭听客的检验，这里也成为项目中重要的景观节点。

本设计以苏式传统民居粉墙黛瓦为基调，取其进落的基本结构，以山墙划分主次空间，其中置入院落天井，形成丰富的传统意象空间。建筑以山墙划分为三部分，分别布置三种功能，功能分区鲜明。山墙采用传统"观音兜"的硬山做法，以连续起伏的山墙表征评弹宛转悠扬的曲调。建筑屋顶统一于山墙的曲线之下，消解了剧场和二层建筑的高大体量，使得建筑尺度宜人，与自然环境相和谐。建筑正面为端庄传统的建筑形象，对应传统院落空间序列，建筑侧面为灵动的曲线，呈现不同的体验效果。如此，沿河一岸重重民居的起伏屋面，层层叠叠的曲线山墙，与百年评弹的迤逦之音，在场地共鸣。

评弹书场临于河畔，布局在场地深处。其临街一面，是以评弹为主题的文化公园。

公园内设置一处评弹演艺广场，这是一个院墙围合成的直径40m的大院子，内含一座两层戏台，用于大型演出，周边居民或曲友平日也可来此弹唱娱乐，成为百姓的舞台。评弹演艺广场以"琵琶"轮廓为原型，围墙采用镂空砖墙，点缀苏式花窗，体现苏式风格。

景观设计上，以评弹的学艺生涯过程为整个主题故事线，"寻、试、露、登、极"五大篇章，结合场景雕塑、演绎广场、互动小品等再现评弹历史文化，演绎了从拜师学艺到出师黄埭的从艺故事。聆听评弹人生百态故事，漫步曲折迂回、柳暗花明游园之路，体悟人生。

乡音依旧，绕梁不绝

评弹公园、评弹书场先后于2022年6月、8月建成开放。项目建成后，设计师多次回到现场，每次都感慨万分。这里经常可见热闹场景，十分受居民和游客的欢迎。清晨，有老人来此打拳；白天，有游客来此打卡；傍晚，有人跳广场舞、有孩子玩闹、有年轻人休闲散步。逢有演出则更热闹，众多票友来此听书，也吸引了许多年轻人与孩子成为新票友。对于项目的设计师来说，这是最动人的场景，评弹公园及书场，已然成为人们日常生活的一部分，曾经书场繁荣兴盛的场面，仿佛又在此地重现。

评弹书场的意义，不仅是提供一个公共活动场所，更是让评弹文化成为居民心目中的一个坐标，建立起文化认同和自豪感。

乡音依旧，绕梁不绝。整个评弹公园作为苏州的评弹文化名片，也是当地百姓的精神文化公园。

❷

古城织补

2.1 走进古城

　　苏州古城自春秋时期吴王建城以来，已有两千五百多年历史，城址位置未曾改变。古城有着非常深厚的文化积淀，每一条小巷、每一处房子都有许多故事。发展至今，深厚的历史文化都凝集在大大小小的历史街区之中，城市形态上，形成了独具特色的水陆"双棋盘"城市格局。随着近代以来的城市建设，古城中出现了许多与历史街区脱节的建筑，原有的历史建筑被分割、加建，产生了很多"病态的"城市空间，古城的肌理、机能遭到不同程度的损

毁和破坏，加之基础设施的落后，古城逐渐失去往日的光彩。古城历史街区的保护与活化，
也成为重要的发展课题。

　　经过长期的实践，我们总结出了小规模、渐进式古城更新解决方案。通过对历史文化街
区空间物质形态的织补、活化业态的导入以及文化遗产保护等思路，提出"织补+链接"的解
决策略，以空间关系的织补、街区活力点的链接，修复建筑格局，重建街区活力，实现古城
再生。

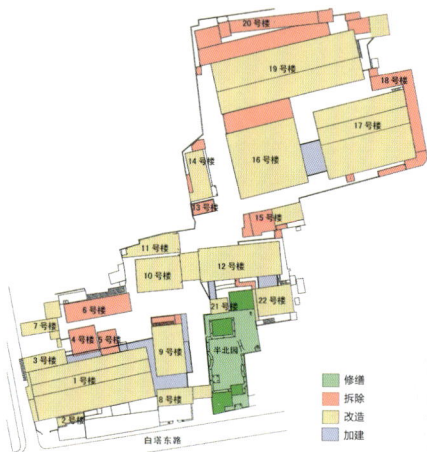

改造前总图

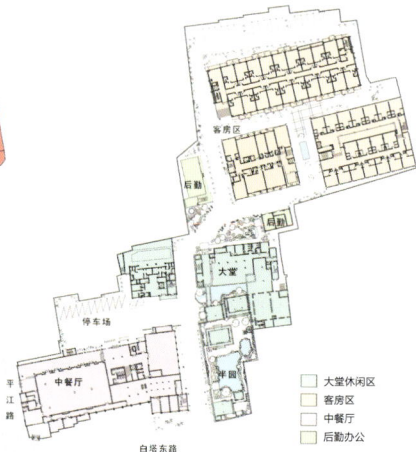

改造后总图

空间物质形态的织补——书香世家·平江府酒店

在苏州平江历史街区平江路与白塔东路的交汇处，是原苏州第三纺织厂搬迁后留下的旧厂区，紧邻始建于清代的控保园林——北半园。一个是高大、粗犷的工业厂房，一个是低平、精巧的老宅庭园，两种截然不同的建筑并置，这种现象在苏州古城有很多。随着工业发展与大规模城市建设，苏州古城中原本的肌理已被破坏，新与老、大与小的矛盾在古城发展中日益凸显。面对这样一块场地，改造策略是将当下破碎、断裂的古城肌理进行重新梳理，并且用城市更新的方式，对老旧厂房重新利用，置入符合现代生活的新型功能业态，使其重焕活力，并织补与周边古城街区的关系。

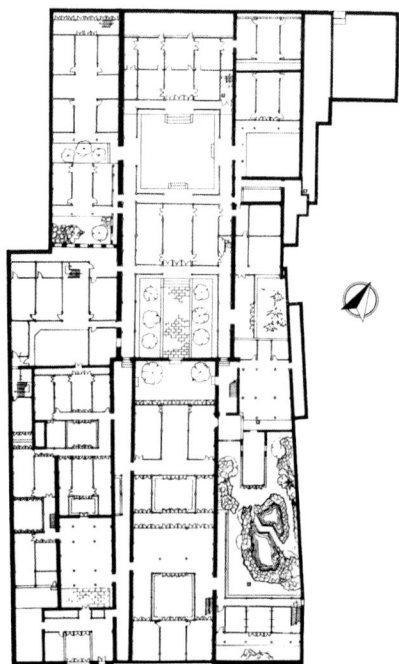

南石子街潘宅一层平面图　　　　　南石子街潘宅二层平面图

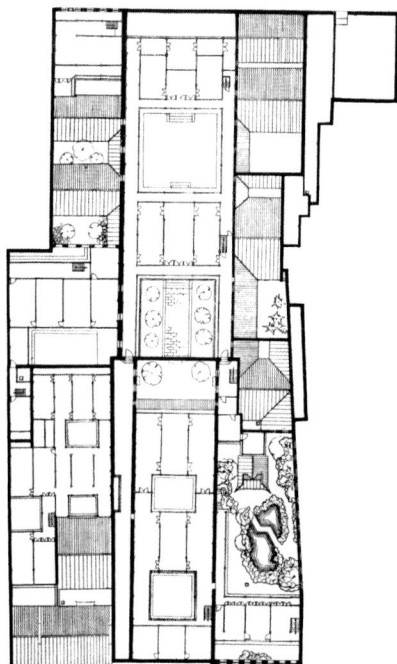

活化业态导入与文化遗产保护并进——潘祖荫故居改造

　　平江历史街区中有大量大户宅院，历史文化遗存众多，潘祖荫故居就是其中一处。故居又名竹山堂，是一座三路五进、坐北朝南的大宅子，由清末探花潘祖荫晚年退居苏州时改建堂兄潘祖同住所而来。这里曾被用作工厂、招待所，历经岁月的沧桑，昔日盛景不再，宅第开始变得破败。

　　为了延续建筑文脉，保护名士故居，潘宅作为苏州市控制保护建筑进行维修整治。设计坚持修旧如旧的原则，参考史料记载，拆除庭院搭建，同时将东路园林还原，恢复曾经大户宅园的城市肌理，最大限度地恢复宅园原有的风貌与格局，力求与整个历史文化街区融为一体。

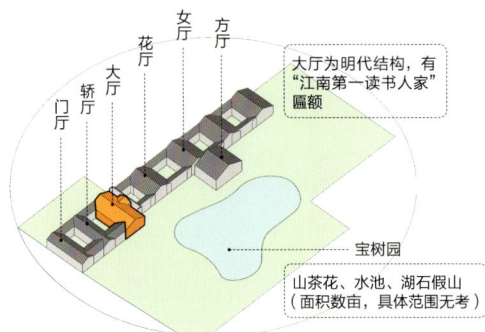

门厅 轿厅 大厅 花厅 女厅 方厅

大厅为明代结构，有"江南第一读书人家"匾额

宝树园
山茶花、水池、湖石假山（面积数亩，具体范围无考）

繁荣时期

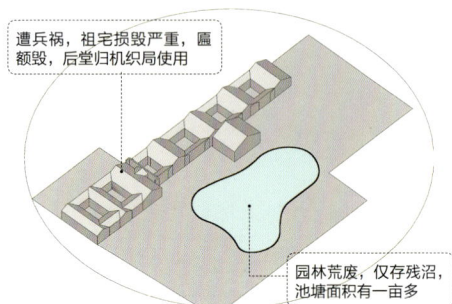

遭兵祸，祖宅损毁严重，匾额毁，后堂归机织局使用

园林荒废，仅存残沼，池塘面积有一亩多

兵毁时期

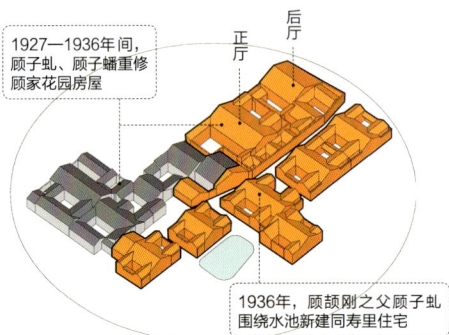

正厅 后厅

1927—1936年间，顾子虬、顾子蟠重修顾家花园房屋

1936年，顾颉刚之父顾子虬围绕水池新建同寿里住宅

重建时期

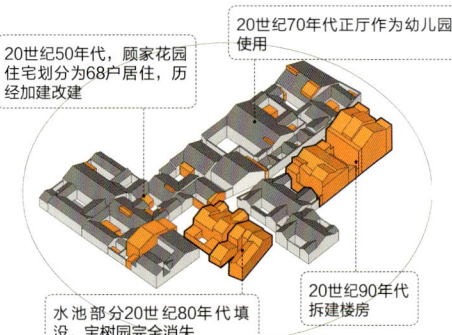

20世纪70年代正厅作为幼儿园使用

20世纪50年代，顾家花园住宅划分为68户居住，历经加建改建

水池部分20世纪80年代填没，宝树园完全消失

20世纪90年代拆建楼房

改建时期

历史街区的片状链接——顾家花园改造

顾家花园位于平江历史街区悬桥巷内，主体是建于明清和民国时期的顾家住宅，是民国古史大家顾颉刚的故居。这里曾是唯亭顾家鼎盛时期在苏州的7座宅园之一，名为"宝树园"，以山茶花闻名。如今地名尚在，宅院依旧，顾家后人仍居住在此，却并没有花园。

苏州最负盛名的便是园林。大大小小的宅子之中，多会留有一方空地用于造园。我们首先对顾家花园的演变做了研究，寻找消失的宝树园。宝树园历经繁荣、兵毁与多次重建，近代在城市建设中逐渐被侵占，直至最后一方水池被填没，成为公房，自此宝树园消失。顾家花园某种层面上是苏州古城的发展缩影，苏州古城原本的城市空间并不如现在那样拥挤，曾经的园林，许多也消失了。设计从减法入手，还原曾经的园林，恢复古城宅园空间格局，释放出原本园林的部分空间，作为周边街区的公共活动场所，吸引居民与游客，给场地带来活力。

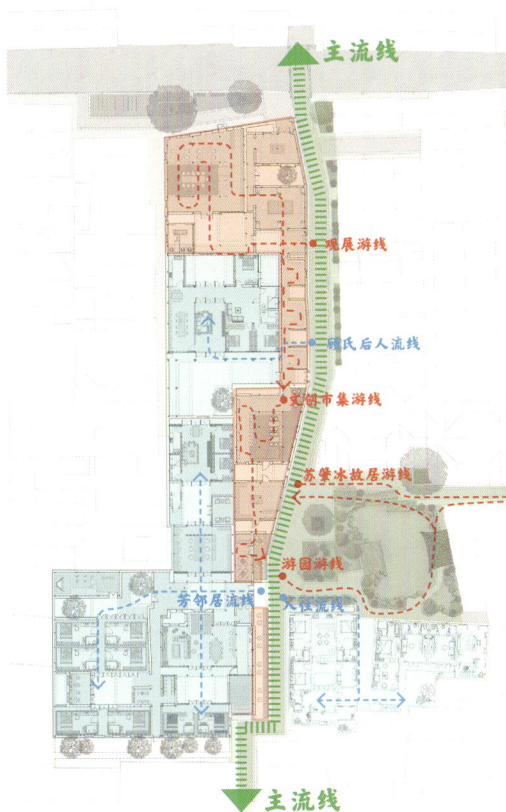

结语

　　苏州古城的保护更新是复杂的系统工程，尤其在实际项目中，各方的诉求与古城的保护发展需要保持一个平衡。在众多要素中，城、史、人是最重要的。织补与链接，对于古城、居民、历史都有其价值。平江历史街区的民居建筑大多属于私房，目前仍有大量原住民生活其中，因此，此类历史街区的保护与活化绝不可以采用一体化整治甚至大面积拆建的改造模式，而应该坚持小规模、渐进式的改造创作理念，贯彻原真性、完整性和适应性活态利用相结合的原则。我们希望，织补与链接的意义不仅是空间上的，更是在时间上的；不仅是对于古城的，更是对于历史的。在织补宅园和街区空间的同时，也是在织补古城中被消磨的物质空间所承载的时代印记以及一代代市民的记忆；在链接古城活力点的同时，也是在链接历史与未来，以及古城生活的传续，使其成为活态的传承。

2.2 织补唤醒——潘祖荫故居改造

苏州平江历史文化街区，2013

历史建筑的改造不只是建筑本身的修复，更要在功能上赋予历史建筑新的活力，使其在更新落成后具有持续的自我更新能力及文化传承的活力，这应该是历史建筑改造的目标与核心价值。

四期总体效果

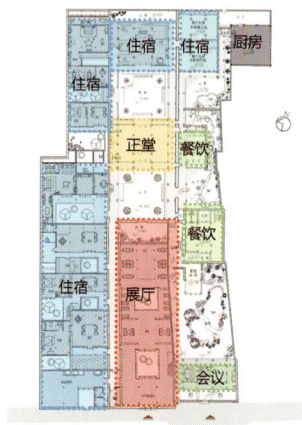

总体功能分区

背景

平江历史街区位于苏州古城东北隅，是古城现存最典型、最完整、唯一能够真正体现"水陆并行，河街相邻"的"双棋盘"格局的城市传统民居聚集区域。区域内保留着大量的各姓宅院，历史文化遗存众多。

历史街区内，挤着几十家房客的老宅院随处可见，很多都是明清时期遗留下来的古建筑。由于年久失修、人口居住密度大、违章搭建等原因，部分市级文物保护建筑和大部分控制保护建筑的保护状况较差，普遍存在建筑老化、损坏严重、环境脏乱等情况，部分古建筑更是处于濒危状态。2011年10月，为进一步推动古建筑的保护，更好地传承历史和延续利用，苏州市政府决定启动古建老宅保护修缮工程。潘祖荫故居是其首批启动的试点项目之一。

潘祖荫故居位于平江历史街区南石子街，属于苏州市控保建筑。故居占地4000m²，坐北朝南，三路五进格局，原建筑面积4570m²。潘家为苏州望族，世代门第显赫。潘祖荫（1830—

南花园

1890年）于清咸丰得中探花，授翰林院编修，历任侍读学士、工部尚书、兵部尚书、军机大臣等。潘祖荫嗜好收藏，其所得西周青铜器"大盂鼎"和"大克鼎"（与"毛公鼎"合称"海内三宝"），以及大量的其他青铜器和古籍善本，就曾收藏于此宅。抗战沦陷时期，曾先后有七批日军闯进潘宅抢宝，潘氏后人将两大鼎深埋于中路第三进地下而未遭洗劫。

据相关资料推断，潘祖荫故居始建于1810年。此宅最早的主人为潘祖荫的伯父潘曾莹。1834年，潘曾莹在原来的基础上又模仿道光皇帝御赐其父潘世恩在北京圆明园附近的一所府第的格式，对故居进行了改造，营造出格局完整、气势宏大、三路五进、主次分明、功能完备、宅园结合、做工考究、融合有北京和苏州风格的大型宅第。因为有了这些丰富生动的历史，对潘宅的保护修缮已不只局限于古建修复上，重要的是希望通过潘宅的改造更新，促进平江路历史街区的保护，展现独具特色的历史文化。

走马楼庭院

项目定位

　　平江路历史街区业态多为精品小店和特色客栈，稍具规模的精品酒店较少。将潘祖荫故居改造功能定位为精品酒店，不仅符合古建筑从"宅院"到"客房"的同质性功能置换，对原建筑的影响降到最低，同时对于推动平江路由"线"向"面"的发展，带动整个片区的经济价值，无疑也是有益的。潘祖荫本人的历史生平、老宅的建筑特色、藏品的历史典故都将是精品酒店的特色文化主题。基于潘祖荫清代探花的身份，酒店命名为"探花府"。

建筑设计

　　潘祖荫故居作为苏州市控保建筑，与一般的修缮改造项目相比，一方面要按照古建筑保护的要求进行修缮复原，修旧如旧，凸显老宅的历史价值；另一方面要按照现代精品酒店的标准，进行功能适应性改造，满足消防安全，提升其作为酒店的舒适度。设计的过程，便是在这两条思路下寻找契合点。

　　设计前期最珍贵的资料是1958年同济大学著名古建筑专家陈从周编著的《苏州旧住宅参考

庭院花园

图录》，书中存有大量珍贵的旧照片和详细的1层、2层平面图，这些珍贵的资料帮助我们从各种违章搭建中还原出南石子街潘宅的历史旧貌。按照资料记载，潘祖荫故居分三路五进，中路南部为门厅、茶厅、正厅，属对外公共接待区，北部为内厅、走马楼，属内部活动区；西路南部为仆从、后勤区，北部为居住区；东路为园林、祠堂、书房等休闲活动区。

现状的潘宅东路（含花园）和中路后半部先后用作床单厂及其招待所，此部分已废弃有年，其他部分作为公房供50多户市民居住，原有砖雕门楼、3处拴马环尽毁。但三路五进的格局仍然得以保持，建筑基本维持历史原貌。现状的主要问题是：天井和庭院被占用，东路原有花园已拆毁，搭建诸多后期建筑；基础设施残缺，年久失修，屋面渗漏，墙体歪斜，柱脚腐朽，多处存在安全隐患，衰败迹象越来越严重。

基于一次规划、分期建设的原则，根据老宅原有的空间格局，植入的主要功能分为4个区域：文化展示区、餐饮区、住宿区以及配套服务区。按照功能的同质性置换要求，原建筑中的居住区、仆从区和内部活动区置换为客房，原建筑中的对外公共接待区、部分休闲活动区置换为文化展示区和大堂等酒店公共区域，原建筑中另一部分休闲活动区置换为餐饮配套。三路建筑由避弄相隔，避弄是指夹在两路建筑物中的夹弄，幽静深远，为苏州旧住宅中引人注目的地方。两条90多米长、宽窄相间的避弄将所有的功能有机地联系起来，形成自然连贯

三期探花书房室内

的公共通道。

　　潘祖荫故居一期工程于2011年启动，范围包括东路和中路后半部分。老宅东路的花厅（竹山堂）部分为精品酒店的大堂接待区，入口南临南石子街，进门通过修复后的窄院进入大堂。大堂朝北面向复原后的园林区，让人身临其境地感受苏州园林。

　　东路复原后的庭院与船坊成为潘宅这个苏式庭院的亮点所在，两层的船坊静立在水池的西北角，雨天坐在船坊喝茶品茗，听雨滴打在芭蕉上，感受苏州庭院的别致和静美。

　　东路第二、三进围绕几处大小不一的天井和庭院设置了零点餐饮区和两个餐厅包厢。东路第四、五进结合原有庭院、天井改造成客房，环境各具特色。

　　在东路的东北角，潘宅红线范围内唯一一块非控保建筑区的空地上新建了一个两层混凝土仿古建筑作为餐饮配套用房，解决厨房后勤等需要。仿古建筑通过一个小天井与北部小巷对接，解决了后勤出入的问题。

探花书房阅览区室内

　　根据文献记载，中路第四进院落原为潘宅女宾听戏处，在设计中考虑在二层环廊设置雅座，庭院内可供当地特色的戏曲演出，如昆曲等，身处其中不仅可以享受美食，还可品茗听曲，重温古代女宾听戏的场景。一期的主要客房设置在中路北半部，仅设计了8间客房。

　　二期于2014年启动，主要范围是西路的30间大小不一的客房，大部分的客房均有独立的天井内院，环境清幽，居住其中可细细品味老宅原有的宅院生活。套间内配备齐全，让人们体验宅院生活的同时，亦能享受现代化的生活设施，满足舒适度的需求。在客房的布置上，参考了老宅居室的传统布置方式，明间为公共区域，东西厢为卧室，不仅解决了隔声问题，提高了客房私密性，而且提供给客人原味的古代宅院住宿体验。

　　三期修缮于2019年完成，主要范围是中、西路的第一进院落，值得庆幸的是功能布局完整地延续了2011年的策划，修缮后的中路"探花书房"，承担着包括文化展示、沙龙、书吧、茶堂、客房等多元化的功能。

古城织补　87

城市会客厅

营造技术

修缮设计严格遵照陈从周先生对潘祖荫故居的测绘图纸和所拍照片，以修旧如旧、保留其真的原则，对保存完好的建筑、梁架结构、砖细抛枋、木地板等仅做修缮，对已经损毁破坏的东路第一进竹山堂、东路花园、旱船舫，以及所有门窗、挂落进行复原设计。

在修缮复原的基础上，结合实际使用功能需要，项目在建筑设备和材料的选用上均注入了现代科技手段，如完备的消防设施、现代化的地源热泵空调系统、保温节能的材料选用等。

虽然文保类古建筑修缮所要遵循的消防原则与一般木结构建筑略有不同，但在设计中仍然结合景观、内装设计尽量全面地加入消防给水、消火栓、自动喷淋、火灾自动报警和手提灭火器五类消防设施，并做好隐蔽设计。消防水池和景观水池合二为一，池边设栏杆，消防取水口设过滤器，保证用水水质。消防水泵房设在消防水池旁的地下室。对消防水泵房疏散楼梯的出地面部分，结合照壁隐蔽处理，既进行了遮挡，又形成了对景。消防的喷淋支管隐蔽在屋顶梁架中，顺桁条铺设。支管外露部分与梁架涂刷成同一种颜色，两者很好地融为一体。节能方面我们吸取了一些古建筑改造后节能效果和舒适性差的教训，在设计阶段就对潘

城市会客厅天井

祖荫故居的节能进行了详细研究。设计结合古建筑的结构、空间、工法特点以及文物法规要求，地面采用了防潮材料，屋面采用了无机骨料保温砂浆和防水卷材相结合的屋面防水保温两用体系，窗扇采用双层中空玻璃并加大窗扇用料规格，墙体采用新型反辐射隔热保温涂料，内部隔断采用保温隔声材料。这些措施的集中运用，解决了诸如小青瓦屋面容易漏水、内部空间保温差、地面容易返潮、隔声效果不好等问题，大幅提升了古建筑的保温、节能和舒适性能。

结合故居花园和天井庭院的空地优势，集中设计和引入地源热泵空调系统。同传统空调系统比，这套系统能效比高、噪声低、绿色环保，一次性投入后即能解决后期酒店运营所需的空调、热水、地暖三方面功能，节能和舒适效果明显。特别是由于地源热泵的管路预埋在地下或进行巧妙隐藏，主机集中放置不再占用额外的外部空间，没有噪声污染，对古建筑的建筑风貌和景观效果没有破坏，一举多得。精品酒店开业后，这些措施大幅提高了其节能效果，舒适性也超过了同类型的大部分酒店，获得了业内专家和酒店客人的一致认可。

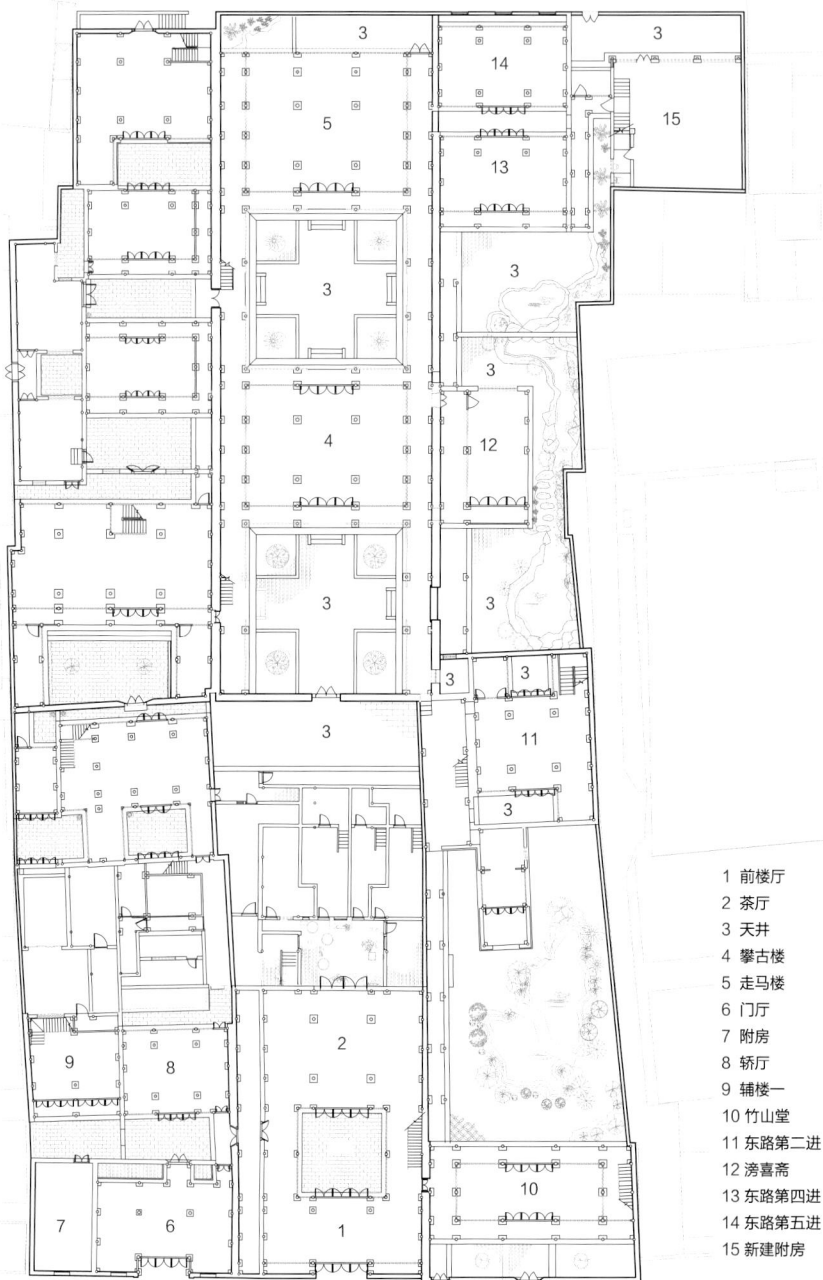

一层平面图

1　前楼厅
2　茶厅
3　天井
4　攀古楼
5　走马楼
6　门厅
7　附房
8　轿厅
9　辅楼一
10　竹山堂
11　东路第二进
12　滂喜斋
13　东路第四进
14　东路第五进
15　新建附房

改造前后对比

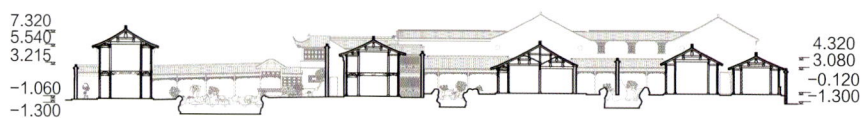

7.320
5.540
3.215
-1.060
-1.300

4.320
3.080
-0.120
-1.300

东路中贴剖面

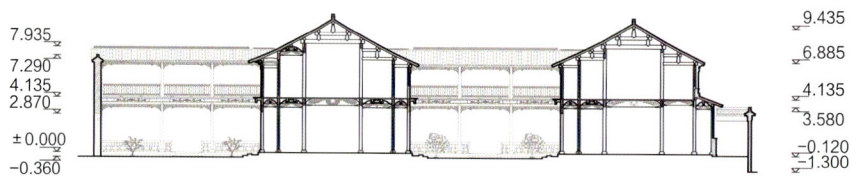

7.935
7.290
4.135
2.870
±0.000
-0.360

9.435
6.885
4.135
3.580
-0.120
-1.300

中路中贴剖面

结语

潘祖荫故居改造历时8年，一次性规划，分三期实施，虽然改造时间较长，但过程一直延续了最初的策划理念，因此全部改造完成后的潘祖荫故居能完整地呈现潘宅的厅、堂、书斋、船坊、花园、宅院等要素与苏式大宅的总体风貌，并且其原有功能与改造后的实际使用功能契合度较高，原有的厅堂作为展厅和会客区，宅院依旧是住宿区，船坊重现了当年赏花观景的风雅布局。在这里可以完整地感受苏式大宅的丰富空间组合，可以体会小院回廊委婉深邃的意境，还能体验到苏式园林曲折多变、小中见大的设计之美。

最初的改造策划理念是希望在完整保留潘宅原貌基础上，让游人可以沉浸其中，可观、可游、可用、可住。一期建成开业后就得到社会各界的认可，之后的二期、三期也得以按照初期规划完整实施。8年的改造过程虽然艰辛，但看到潘祖荫故居从断墙残瓦、满目疮痍的群居杂院蜕变成端庄秀美、曲折精致的"探花府"时，方能深刻体会古城更新的意义与价值，更希望通过潘宅改造的尝试探索古建保护的方式，实现保护和利用的双赢。

2.3 老宅有戏——孝友堂张宅改造

苏州平江历史文化街区，2019

当下的古城保护，应该告别拆建和仿造，回归人本、回归日常。若是每一座老宅都焕发出勃勃生机，古城何愁不活。古城保护，有人气才有生机，有生机才有生活，有生活才能长久。曲水人家的洒扫忙碌，吴侬软语的家长里短，是苏州文化中最绵长久远的记忆，在里巷老宅中，炊烟混杂书香一并讲述苏州的风华。

孝友堂张宅现状

缘起

孝友堂张宅布局坐北朝南，三路五进，建筑面积5076m²。中路第三进为大厅，面阔三间10.8m，进深六檩11m，扁作梁架，前后船棚轩，雕花精细。厅前门楼已残。厅后有楼厅三进，相连为走马楼，楼下有一枝香轩廊，木雕垂篮较精美。本次设计范围为东路北侧两进，部分是控制性保护建筑，建筑面积1482.05m²，占地约1276m²。

孝友堂张宅原为清代所建，后历经加建，形成现在的规模，期间部分作为广电局演员公寓，本次改造的部分，前身即是演员公寓。

场地坐落于平江历史文化街区西南角，场地的北部与东部为苏州民居，居民多为老人，他们的居住环境和生活品质普遍低于苏州平均水平。场地的南部与西部毗邻临顿路和干将路，商业功能与商业体量挤压着居住空间。同苏州老城一样，居民老龄化、商业同质化非常严重。这些老人、老吴音、老建筑，需要一个平台，让他们重新成为主角，演绎未来的苏州古城。

平江历史保护区的上位规划提出：落得下的文化存续，看得见的水城特色，行得通的社会民生。我们逐条对应上位规划的目标展开设计。

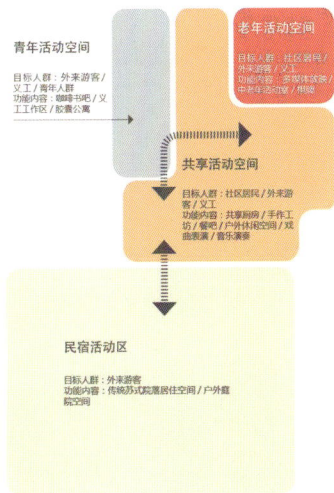

功能分区

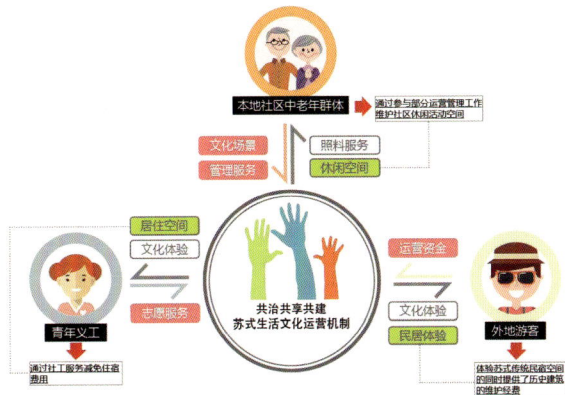

三类人群共治共享

落得下的社会价值

老城的交替如同人的交替，如何对待老人与年轻人，便是如何对待老城的未来。

对于这里的老人和外地游客来说，外地游客想要探寻最原真的苏式生活和故事，老年居民正是最好的载体；老年居民需要年轻人的陪伴和热闹，外地游客正有这种活力。不同人群的诉求，实际上可以互相满足。老龄化社区如同今日之古城，不仅要保护，更要让它们焕发活力。

新人群的参与，是否能够激发老城焕发出新的活力，这是一个疑问，也是我们希望探索和达成的目标。

然而社区服务空间需要持续的资金来运营，如何让它能够自我造血、创造价值，如何打造一个能够承载文化存续、社会民生与旅游三重功能的可持续运营载体，是这次研究的重点。

行得通的商业价值

除了社区居民和游客，我们引入了第三方人群——青年义工。通过设置义工服务站、胶囊旅馆等空间，提供给年轻的背包客们，他们可以用志愿服务换取旅行体验，参与到本地生活中。

来住青年旅舍的年轻人，他们有着游历各地的经验，有理想有热情，还有才艺和故事。他们可以在这里分享见闻、传授技艺，比如教画画、教英语、教摄影之类，用特长去跟老人交流，用自己的一技之长服务于本地老人，因此就可以得到相应的回报。

另一方面，老年人的孤独问题通常是因为他们不再能跟上这个时代的话题，感到不再被

沿建新巷主入口效果

剖视效果

落得下
文化存续 在空间上的落实

看得见
水城特色 在形象上的彰显

社会民生 在政策上的探索
行得通

三大理念

需要，自我价值迷失。这个社区中生活的老人，他们不仅是苏州文脉和发展的见证者、文化的传承者；同时操着地道的吴侬软语讲述苏州历史故事的他们也是活态文化的一部分。透过社区课堂，让更多的老人在这里找到人生新的目标，不仅在这里倾听时代的脉搏，也将苏州的历史和文化展现给世界。

在服务人群上，形成了"社区老年群体+青年义工+外地游客"三类人群共治共享的格局。在建筑空间上，形成了"老年社区活动中心+青年旅社+家庭型民宿"的空间布局。

多方参与共治共享，使得各年龄段的外来游客和本地居民都能融入其中并发挥自身的价值，增进文化交流，同时传播地域文化。

设计将老年活动和义工活动这两个功能毗邻布置，这使得周围产生了很多融合交流空间，比如共享厨房。在厨房外有一个很大的操作案台，可以让老人和年轻人互相传授自己的拿手好菜。透过社区共享厨房，来自全球各地的年轻人可以将世界美食带到社区老人的餐桌上，同时社区老人也能将地道的苏州美食分享给这些年轻的新世代，这里不再是一个单纯的饮食场所，更是一个跨年龄、跨文化交流互动的好平台。无论是大饼油条+咖啡，或是苏式汤面+焐豆，在这个厨房中的每一个清晨或黄昏，苏州和世界同步。

改造后的老宅里有22间胶囊旅馆，有共享厨房与餐吧，有小课堂，有义工服务站，有四水归庭，老年人与年轻人的生活在此交融。

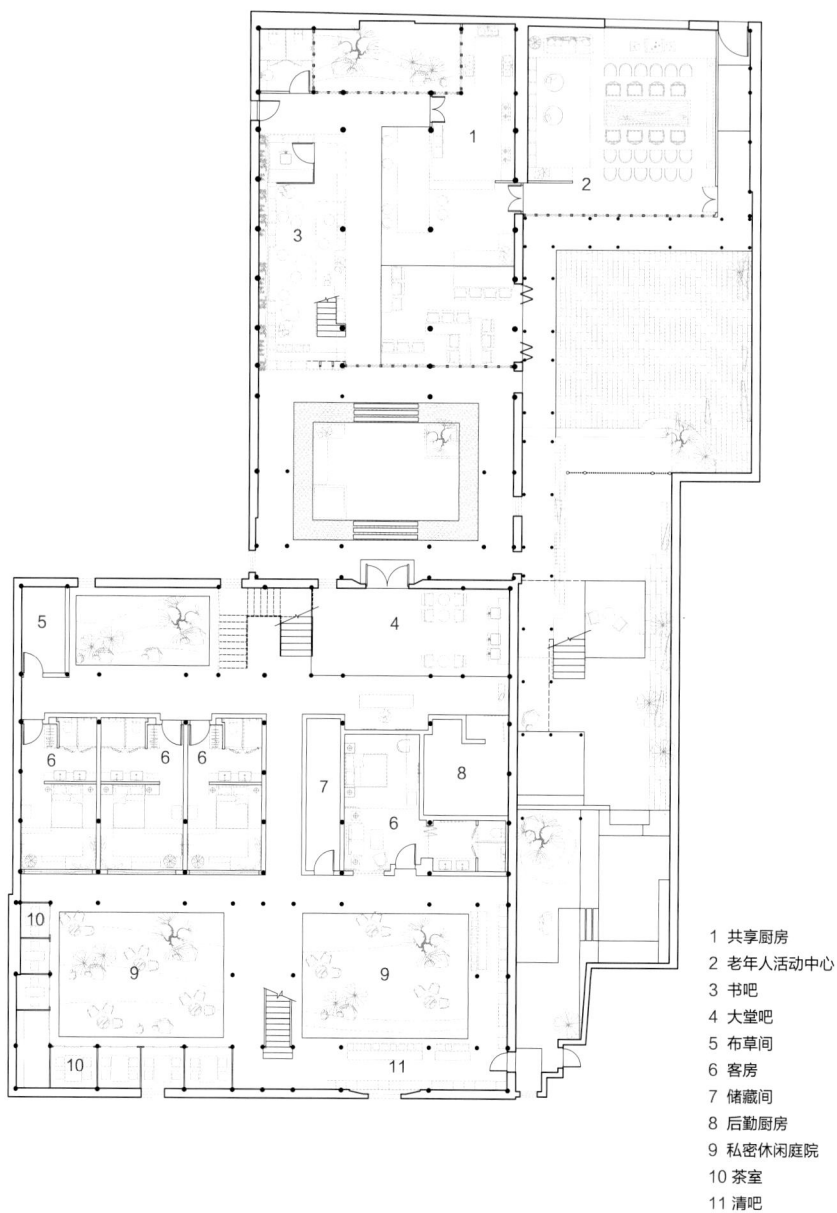

一层平面图

1 共享厨房
2 老年人活动中心
3 书吧
4 大堂吧
5 布草间
6 客房
7 储藏间
8 后勤厨房
9 私密休闲庭院
10 茶室
11 清吧

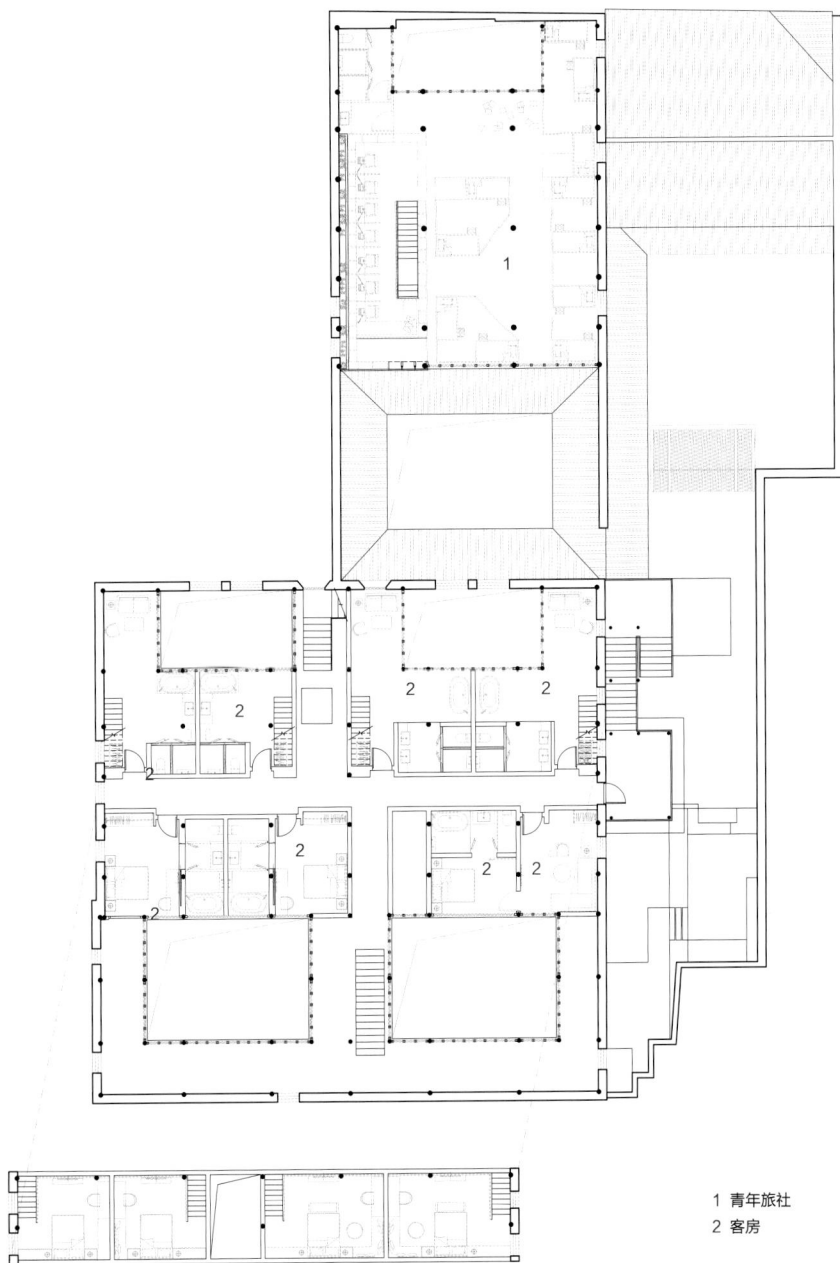

二层平面图

1 青年旅社
2 客房

社区活动中心室内效果

共享厨房室内效果

共享书吧室内效果

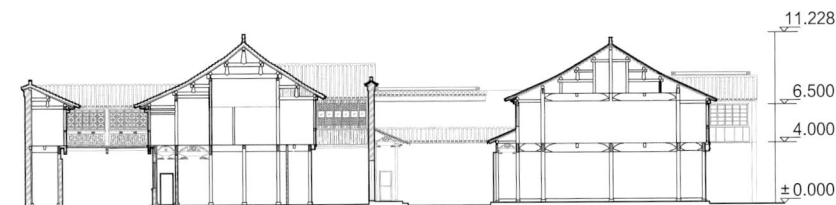

剖面图

南侧私密性较好的部分作为民宿客房区，它是整个运营体系的主要资金来源。这里有15套客房、大堂吧、环院清吧、画廊。

东侧庭院划分为两部分，以一方戏台相隔，北侧为吴音庭院，戏台面向老年活动中心与建新巷，可作为公开表演与展览的场地；南侧为听音院等较为私密的庭院，作为南侧民宿的配套私享院落，供民宿休闲聚会使用，也可进行实景昆曲等商演活动。戏台也成为整个东侧庭院的形象核心与活动中心。

看得见的人文价值

这个项目与戏有着很深的缘分。在剧院里，后台、舞台、观众席这样的空间序列，放到基地周边的城市肌理中也同样适用。位于建筑西北角的建筑物就是一栋演员公寓，如同后台的存在，周边面向的居民区就像观众席，而项目的老宅就仿佛是戏台本身。

控保建筑的改造方针是：对于控保建筑的部分，给予最大化的尊重，整体采取落架大修，按照测绘图样，以原有材料、原有工艺重新翻建；对于控保建筑受损的部分，选择拆除后期居民加建部分，部分还原拆除遗失的构件；对于新建的部分特别是东侧的一层房子和庭院，在保持外立面协调统一的基础上，采用现代手法进行设计，避免刻意的修旧如旧，留下当下时代的特征和印记。

结语

八百多年来，平江保留了河路并行的格局、肌理，原有的尺度和体量比例恰当，显示出一种疏朗淡雅的风格。曲折的街巷，墙内的花园，这些市井生活与清修别院从来都是互为表里，共为苏州文化空间的魂魄，"大隐于市"的美学更需要人间烟火来成全。

当下的古城保护，应该告别拆建和仿造，回归人本、回归日常。若是每一座老宅都焕发出勃勃生机，古城何愁不活。古城保护，有人气才有生机，有生机才有生活，有生活才能长久。

曲水人家的洒扫忙碌，吴侬软语的家长里短，是苏州文化中最绵长久远的记忆，在里巷老宅中，炊烟混杂书香一并讲述苏州的风华。

2.4 宝树芳邻——顾家花园改造

苏州平江历史文化街区，2020

顾家花园因宝树园而得名，后因公房建设而被填没，根据历史资料并结合实施可行性，还原宝树园的一部分，使其成为周边居民与游客汇聚活动的场所。宅的部分恢复历史原状，营造具有完善配套的青年共享社区，提升历史建筑的居住品质与社区活力，以"顾家花园"为文化品牌，形成富有活力、集聚引力的古城游览生活之所。

悬桥巷汇集众多名人故居   设计场地

缘起

　　苏州传统民居由"宅"和"园"组成，宅为居住，园供游赏，传统民居的保护，应延续其完整的宅园空间结构，还原其居住的内核。

　　顾家花园因宝树园而得名，后因公房建设而被填没，根据历史资料并结合实施可行性，还原宝树园的一部分，使其成为周边居民与游客汇聚活动的场所。宅的部分恢复历史原状，营造具有完善配套的青年共享社区，提升历史建筑的居住品质与社区活力，以"顾家花园"为文化品牌，形成富有活力、集聚引力的古城游览生活之所。

顾家花园历史

　　顾家花园在平江历史街区悬桥河南侧，这里曾是唯亭顾氏在苏州的7个园林之一，古史学大师顾颉刚即出生于此，并在此度过童年时光。如今顾家后人依然居住其中。

　　曾经，顾家花园真正是一座花园，叫做"宝树园"，以山茶树著称。后家道中落，加上战争的破坏，顾家花园逐渐荒废；直到中华民国顾颉刚祖父时逐渐好转，修缮了宝树园宅子部分，增建了部分建筑，花园部分闲置。其后建筑面貌逐渐破败，曾经的顾家花园已没了踪迹。

　　古城的保护开发，应以完整的宅院为单位。本次设计范围是顾家花园4号、7号，据顾行健先生的介绍，宝树园的范围是顾家花园4—13号，我们希望以整个宝树园为研究对象进行设计，实现完整的顾家花园改造。

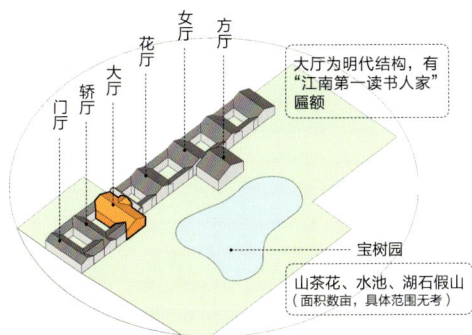

繁荣时期

- 门厅
- 轿厅
- 大厅
- 花厅
- 女厅
- 方厅

大厅为明代结构，有"江南第一读书人家"匾额

宝树园

山茶花、水池、湖石假山（面积数亩，具体范围无考）

明	前身为归湛初"米丈堂"与胡汝淳"恰隐山房"
清初	顾其蕴购地建宝树园，保留明代大厅结构，以山茶花闻名
清 康熙	康熙南巡，赞唯亭顾家"江南第一读书人家"
1781	顾半樵因其父充军，降为平民，自此顾颉刚一支迁居宝树园

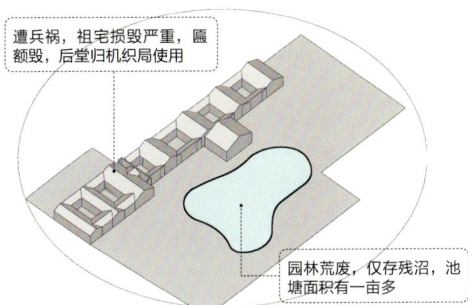

兵毁时期

遭兵祸，祖宅损毁严重，匾额毁，后堂归机织局使用

园林荒废，仅存残沼，池塘面积有一亩多

1851—1864	太平天国期间兵毁，仅存池塘残沼
1893	顾颉刚出生于顾家花园，在此度过幼年，至1912年赴京

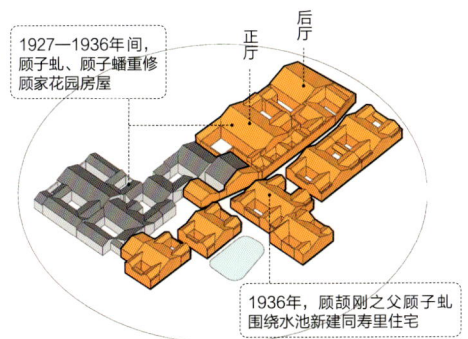

重修时期

1927—1936年间，顾子虬、顾子蟠重修顾家花园房屋

- 正厅
- 后厅

1936年，顾颉刚之父顾子虬围绕水池新建同寿里住宅

1927	顾子虬、顾子蟠重修顾家花园。新建西路二进，东路五、六进
1945	顾颉刚返苏，文通书局设分部于苏州，顾颉刚任所长，方厅作为书局办公场所

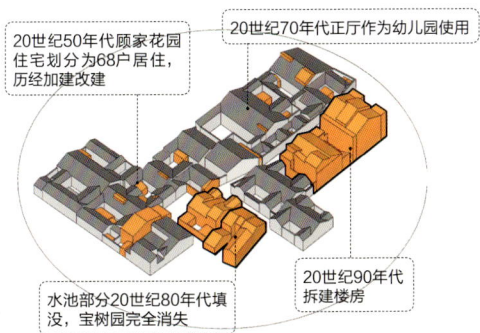

改建时期

20世纪50年代顾家花园住宅划分为68户居住，历经加建改建

20世纪70年代正厅作为幼儿园使用

水池部分20世纪80年代填没，宝树园完全消失

20世纪90年代拆建楼房

20世纪50年代	顾颉刚后人仅保留正厅，其余划分为68套民房，私搭乱建破坏严重
20世纪70年代	正厅作为平江区幼儿园，顾家后代迁至8号。池塘完全填没建设公房，文通书局南侧房屋重新扩建
1998	顾颉刚故居成为苏州市文物保护单位

顾茗思意茶馆入口效果

设计思路

在了解宝树园的历史后，设计的灵感也逐渐浮现出来。听到宝树园，我们最初想到的是《滕王阁序》那句"非谢家之宝树，接孟氏之芳邻"。宝树不仅指珍贵树木，也是指子孙成才，芳邻则是指和谐积极的邻里氛围，这些应该是读书人家最大的心愿了。当年顾家的宝树园，也是四面芳邻环绕，才有了今天如此多的名人故居。院中的门楼雕着"子翼孙谋"四个字，也正代表着对世代子孙的美好期待。

名人故居已是过去，宝树园也已消失，我们能做的，便是通过设计，努力去重现"宝树之园"和"芳邻之家"。

顾家花园11–1号的位置曾是宝树园的水池，据顾行健先生的回忆，池塘的范围与房子轮廓相当，在20世纪70年代被填没。我们希望将11–1号和9号拆除，恢复水池、山茶林，虽然不能做到曾经的规模，但至少可以给密集居住的街区辟一处较为开阔的活动空间，提供一个邻里休闲的场地，也可以汇集、承接前往顾颉刚故居、苏肇冰故居的游客，"宝树园"本身也作为一个景点，成为游客们的目的地。

宅子主要分为三部分。顾家后人宅院的位置不变，修缮后进行回迁，这是顾家花园最核心的居民。宅子北侧临河、东侧临街巷，所以北部和东部设计为顾颉刚文化研究展示空间；面向悬桥河的后庭设计为顾颉刚思想研究中心，平时也可作为居民活动中心；沿顾家花园巷

顾家桥视角效果

的一排较小的房屋设计为展示中心，靠近宝树园的部分设计为纪念品店、茶馆、市集，形成完整的游客体验。南部较为完整和私密，设计为优居住宅，容纳新的居民。

顾家后人的住宅是场地中风貌保持最好的部分，外立面木门窗、游廊、庭院、完整的门楼，基本保持着民国时期的样子。

北侧和东侧主要是展馆和研究中心，这部分建筑多是四面窗墙，少有大面积长窗，所以主体变动较小，易于还原。将后期搭建拆除后进行大修，还原其历史原貌。面向悬桥河的一侧是整个故居最重要的展示界面，三个展馆自北向南直接连通，流线十分明确。三个展馆正好对应顾家花园的三个主题内容。最先进入的是顾氏馆，展示唯亭顾氏的家族史和宝树园的流变史；之后进入故事馆，聚焦顾颉刚生平，展示顾颉刚一生的经历和故事；最后进入古史馆，聚焦顾颉刚学术思想，主要展示顾颉刚的古史学说。

从文通书吧出来，便是"一见如顾"文创店，这里可以买到和顾家文化相关的文创产品。依据留存的测绘资料恢复了房屋原来的平面布局，用较为现代的手法设计了这间纪念品店的室内，使其兼具一些"网红"属性，作为顾家花园对游客的吸引点。

从纪念品店走出来，便是宝树园，这是整个游览的高潮部分，至此空间顿然开阔，旁边就是"顾茗思意"茶馆。面对着宝树园坐下，点一杯碧螺春，翻开刚刚在文创店买的笔记本，记下自己和宝树园的"一见如顾"。

顾氏馆室内效果

故事馆室内效果

古史馆室内效果

一见如顾文创店室内效果

南部是优居住房"芳邻之家"的部分。

我们认为，古城的核心功能是居住。修复的古宅，除了部分作为民宿、店铺和展示馆，更多的宅子，仍应作为住宅使用。

很多人都有苏州古城情结。有人想拥有一套完整的宅院；有人想拥有哪怕一进院子；作为创业者，期盼一个真正有故事、有历史价值的空间作为自己的工作室；有些初涉社会的年轻人也想住进古宅，能体面地住在历史建筑的一个房间里，这种感受是现代的城市建筑不能替代的。

我们希望能够在设计中提供不同的居住类型，为古城的保护开发作更多的探索。

在南部的"芳邻之家"中，布置了一套带工作室的独院住宅，其他部分作为青年公寓，以"插件化"的居住单元植入保护建筑中，最小化地拆除少量构件，抬高的地面下集成各种管线设施。除了私密的卧室外，更大的部分作为健身、厨房、客厅、书房等完善的共享空间配套，吸引年轻人或创业者进驻，为古城带来创新与活力的同时，也能够逐渐在古城扎根。

宝树园中曾经大大小小的庭院天井，被重新组织起来，先是开放性最高的宝树园，然后是共享的庭院，最后是自家的生活庭院，从开放到私密，演绎着各种不同的邻里故事和生活场景。

除了建筑、景观、室内设计外，我们还尝试跨界，做了顾家花园品牌设计，由外而内，成为一个表里合一的设计。

顾氏、顾家花园、顾颉刚，这里的所有主题都离不开"顾"字。

这里的空间记忆、历史信息、文化符号，都聚焦到"顾"上。

设计将"顾"字强化，空间内容紧紧围绕"顾"字。于是有了"一见如顾""顾茗思意""芳邻相顾"，也有了"顾氏古史故事"。"顾"字成为游客心中的一个符号，与这块土地的主题相连。

顾家桥

研究中心入口　展厅入口

顾颉刚研究中心

顾氏馆

卫

厨

卧室

餐厅

起居厅

故事馆

书房

客厅

卧室

顾氏后人次入口

顾氏后人入口

古史馆

餐厅

客厅

卧室

文通书吧

厨

会客

纪念品商店/
文通书吧入口

一览如顾

工作室

顾友楼茶室

茶馆入口

通向苏肇冰故居

吴门

山茶林

玲珑池

共享健身

公寓　公寓

茶室

咖馆

芳邻居入口

朴舍民宿入口

公寓　公寓

共享客厅

共享餐厅

共享庭院

共享厨房

共享书吧

洗衣间

奶茶

芳邻市集

公寓　公寓

餐厅

公寓　公寓

通向南石子街/儒石园

总体平面图

功能分区

对于历史建筑保护来说，

空间 **疑古辨伪**
去除后期加建的建筑成分，尽可能还原历史本来面目

时间 **求其流变**
整理宝树园历史，对宝树园的盛衰流变形成完整的认识

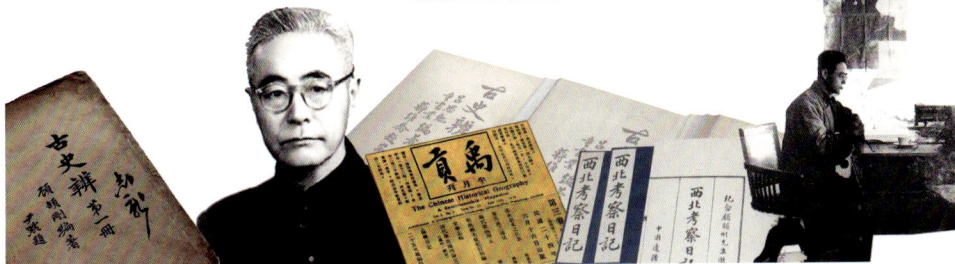

顾颉刚的"层累"古史观与文物建筑保护

整体鸟瞰效果

芳邻居共享客厅室内效果

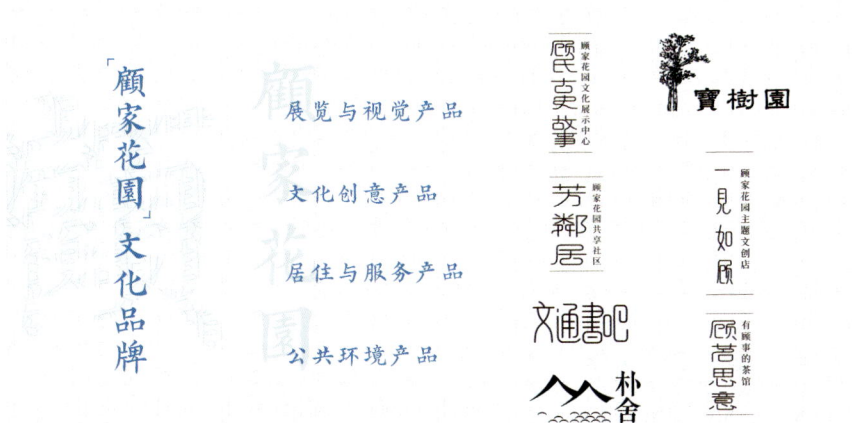

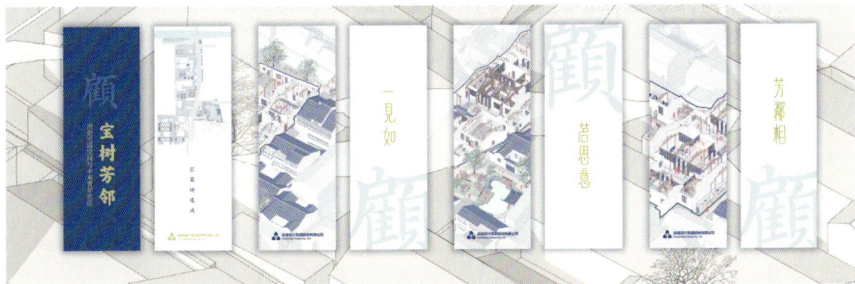

"顾家花园"文化品牌设计

我们设计定制了一套顾家花园的文创产品，包括帆布包、笔记本、杯垫、书签等，并在现场展示，与游客互动，取得了很好的反馈。

设计总结

通过本次顾家花园的设计，对古城保护开发有了更深的认识，也有了一些反思与体会：

1. 宅园一体。古城的保护开发，应以整座宅园为单位进行研究与设计，边界应明确，逐渐还原曾经清晰的"宅园——街巷"格局。

2. 归宅于宅。功能上，古城仍应以居住为主，还原居住的内核。留住人和生活，历史街区才会活着传承下去。

3. 退宅还园。空间形态上，在有依据的情况下，应拆除后期搭建的房屋，恢复过去的园林，还原古城适宜的建筑密度，形成宜居的古城环境。

2.5 平江烟火——平江府酒店改造

苏州白塔东路，2011

利用城市更新的方式，对老旧厂房重新利用，使其重焕活力，并织补与周边古城街区的关系。从古宅到工厂再到酒店，重新焕发场地的生机。

缘起

将一群废弃的厂房和一个破旧的园林改造为五星级酒店，项目本身就充满了挑战。厂房是原苏州第三纺织厂几年前搬迁后遗留下来的，大小建筑22栋；破旧的园林——"北半园"，又称"陆氏半园"，1982年被列为苏州市文物保护单位。该园为清咸丰年间陆解眉所建，取名"半园"，因在苏州仓米巷史氏半园之北，今称"北半园"，几年前关门后一直荒废至今。厂区及园林位于苏州平江历史街区平江路与白塔东路交汇处，周边均是院落相连的苏州民居。

业主期望以"北半园"为依托，打造融吴文化精髓与现代奢华为一体的五星级创意文化酒店。酒店的设计改造首先应能满足五星级的要求，应有130间以上的客房，600m²的宴会厅、游泳池、健身房等相应配套，其次需要将创意文化与酒店的使用功能结合，不仅要满足客人的食宿要求，更要将吴文化的意境融入每处细节中。

规划整治

22栋楼组合成的旧厂区破旧凌乱，不同年代建成的建筑相互交错，在与业主不断的沟通下保留了其中16栋建筑，其余建筑及棚屋拆除，相邻较近的建筑利用加建连为一体，形成7组建筑。规划后的酒店分为餐饮区、大堂休闲区、住宿区3个部分。考虑到酒店餐饮区相对嘈杂的特点，规划将沿白塔东路一侧的1、2、3、8、9号厂房改建成中餐厅，并将北侧的4、5、6号楼拆除，改为餐饮区的前广场及停车区域。

北半园作为酒店创意文化的精髓点，设计将其装点成进入酒店大堂前的吴文化展示空间，沿着北半园45m长围墙慢慢步入大堂前厅，隔着前厅花窗隐约可见半园内景。半园内的原有厅堂修缮改建成酒店精品餐饮区和风格独特的西餐厅。酒店大堂区是由厂区内办公楼10、12号楼改建而成，大堂上部客房可以俯瞰北半园内景。10号楼北部的11号楼单层棚屋被改造成一处精巧的游泳池。被大堂区相隔的16、17、19号厂房规划为纯客房住宿区，这个区域周边皆为苏州民居，安静优雅，有曲径通幽、别有洞天的效果。

改造措施

改造项目最具难度的是建筑与结构间的协调关系，为了更好地体现建筑效果，又能尽量满足结构的合理性，整体改建分为：修缮、改造、翻建、加建、拆除五种方法。

北半园是苏州市文物保护单位，必须以修缮的方法进行。虽然很希望一层的中餐厅可以向东直接看到北半园，但根据修缮要求，北半园的西侧围墙也是保护范围，不可拆除或改建，因此半园的围墙与院门就成了餐厅的对景，建成后发现这个对景比起直接看到园林更添了遐想空间。

在建筑、结构、室内设计师的协调努力下，充分利用原建筑的空间结构形式，均以改造为主进行设计。例如，中餐厅由5栋建筑组成，因使用功能与结构形式严重冲突，其中4栋建筑以翻建为主，仅保留部分墙柱，另一栋沿街的8号楼进行局部改造，5栋建筑之间通过加建连为一体。所有建筑外墙范围及屋顶高度均与原建筑保持一致，在设计上进行了严格的控制。

细部设计

1. 入口空间——"府邸"

这座五星酒店名为"书香世家·平江府",设计上便将"府"字作为入口设计的切入点。酒店入口原是一座3层高的办公楼,底层一侧架空为入口通道,设计时将入口通道上方建筑改造成一个大的双坡屋面,并将屋面延伸至这座3层办公楼的西侧,在屋檐下增设朱漆梁柱、金漆匾额,将"府邸"大门的感觉有效地烘托出来。入口大门向内可见中餐厅东侧的外柱廊,柱廊将"府邸"的深邃感一直延伸至酒店大堂。

2. 酒店大堂——"欲扬先抑"

酒店大堂位于原厂区的12号办公楼内,原建筑内部柱网密集,开间狭小,柱距仅为3.9m。此处的设计汲取了苏州留园入口"欲扬先抑"的空间序列手法,在大堂入口前增设一个前厅,前厅利用"北半园"西北角6m宽、8m深的21号楼改建,穿过前厅是一条3m宽的外廊,外廊下设计的水景淙淙流淌,连廊如"飞虹"跨于半园与大堂楼之间,3m宽的连廊起先给人以局促的空间感受,而通过连廊进入酒店大堂则有豁然开朗的感觉,使原本狭小的大堂显得较为开敞。

大堂室内3.9m开间的两排混凝土柱被改装成深色朱漆木柱,配合略显昏暗的灯光,呈现出府邸厅堂的深邃感。改建中废弃的钢筋网被运用在大堂吊顶处作为点光灯的支架,仅在抬头细望时才能感知这个改建项目的过去,也算是对原建筑的一点怀念。

3．游泳池——"一线天光"

作为五星级酒店必不可少的部分，利用11号楼改造的游泳池可谓"见缝插针"。为尽量利用原有建筑，泳池的水面仅有4.7m宽、18m长。11号楼北侧墙体是原厂区的围墙，围墙外2m处就是民居，因无法满足与民居间的防火间距，这处墙面只能是防火墙，因此采光窗就由墙面转到了屋顶。防火墙的设置同时也隔离了墙外的噪声与视线。

基于防火的要求，整个改造项目的外围多处设计了防火墙，被迫产生的天窗与内天井却给室内空间增添了新的意境。

4．客房——"别有洞天"

需改造为客房楼的17号厂房宽42m、深31m，目标是在这样的空间里将客房布置得最多、最合理。多方案比较后，还是苏州民居的天井空间激发了设计师的灵感，在31m的进深中设计3排客房，北侧两排客房之间安排一个天井内院，3m宽的天井给了中间一排客房别样的景观空间感受，也解决了这排客房的通风采光问题。

结语

改造项目往往存在着许多妥协性，各种规范的要求、室内空间的局限让许多前期设计中的想法无法实施，但在不断的磨合与修改中，在处处碰壁后闪现出的灵感却更让设计师欣喜，特别是在建成后，一些限制条件反而变成亮点。

③

院
落
再
造

3.1 苏州的院

老城坐落于山水，山水微缩于院落。多么富有诗意的人居环境图景！

院落非中国独有，在庞贝古城的考古发掘中就发现了很多"明厅式"的住宅，也就是院落式的住宅。那么中国的院落何以与众不同独具特色呢？想来是缘于山水自然。魏晋南北朝时期，道家追求的"悠游自然"被广大文人所推崇，成为他们向往的一种生活方式。也正是这个时期，这些文人士大夫因其优越的经济条件与较高的文化审美，成为私家园林建造的主体，自此打开了私家园林的繁荣发展局面。这种在院落中造一片小山水的雅趣，有着深厚的文化渊源，并且由来已久了。

复兴

时间是赋予老城魅力的魔法，却也是夺走其芳华的咒语。古城中的老宅经过了悠悠岁月，时间赋予它的韵味与憔悴一同显现。2011年9月，第一次进入潘祖荫故居见到一片残破的景象，就给笔者以这样的感觉。潘祖荫故居位于苏州平江历史街区，始建于1810年，宅院三路五进、主次分明、宅园结合，是一处融合了北京和苏州两地私家园林风格的大型宅第，具有深厚的历史文化价值。

设计工作主要在于三个方面，其一是从收集到的资料中去探究其原始风貌，力图对其进行复原；其二是对格局已遭到破坏、原形制无从考证的部位进行重新设计；其三是注入新的功能，并根据功能对其形式与空间进行部分的改造。改造后的潘祖荫故居将成为苏州文旅会客厅，其中一部分由"花间堂"酒店运营，取名为"花间堂·探花府"，其功能包括展览、餐饮、住宿、会议。

院落是老宅复兴的重点，因为院落承载着交往、休闲、生活劳作等丰富的事件。而复兴院落，就是让院落重新成为这些事

潘祖荫故居得到修缮

件发生的空间载体。为此，它需要具备与事件相匹配的尺度和氛围。对于潘宅，改造的重点是打造三重院落空间：

其一是正中一路正堂前后的两个院落，此空间的关键词为"聚"。这是潘宅中最大的两个院落，由南北向的二层楼房和东西两侧的二层连廊围合而成。因其位于宅子的礼仪轴线上因此具有礼仪属性，又因其空间开阔承载各种家庭公共活动而具有生活属性。

其二是西侧一路的院落，此空间的关键词为"私"。这部分的建筑多为一层，庭院较为狭窄，这个区域在改造后作为住宿功能。因此这些庭院应当着重塑造生活气息，通过外摆家具和盆栽小品来形成亲切宜人的氛围。

其三是东侧一路的院落，原是一处园林，此空间的关键词为"游"。这部分在改造前已彻底失去了原有形态，原始的格局也无从考证。于是我们按照传统园林的设计方法重建了园林，在前后三进院落之间置入蜿蜒的水池，其中第二进院落与第三进院落的水池相连，而第一进的水池虽无法与前者相通，但形断而势未断，水池穿行于三进院落之间，始终作为空间组织的线索。

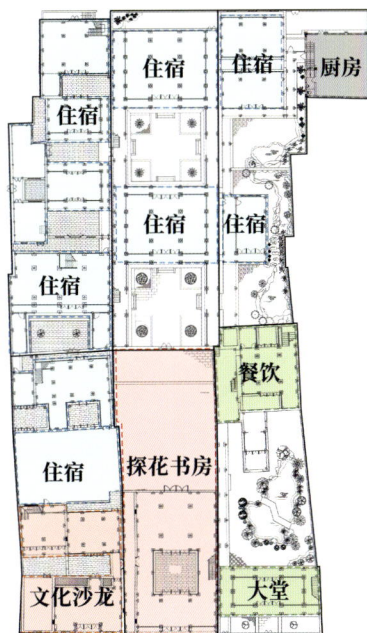

潘祖荫故居得到修缮

生长

一座园林要形成可资玩赏的景致，最难得的不是叠石理水，也不是亭台楼阁，而是要长时间精心打理，让其中的树木花草慢慢生长，最终它会弥补人工的一切拙劣，呈现出整体和谐的风景来。苏州，以及其他很多江南城市的园林中，不乏上千年的古树名木。再造的院落，也应当与自然一同生长，人工与自然相辉映，不仅是一种审美，还是一种与自然共生的生活方式。

转眼间已经和星海街9号办公楼一起生活了10余年，而在2009年3月第一次进入它，它还是一座废弃的厂房。面对着这座厂房，一个工业文明的造物，它与苏州古城的气质并不相符，希望通过改造，把苏州最凝练的建筑特色注入其中，那就是与自然一起生长的"院落"和"回廊"。通过开挖两个内庭院，使建筑达到自然通风与自然采光的最佳效果。这两个院落并不十分宽阔，呈现出一定的曲折形态，尽可能增加了它与室内空间的接触面。一层食堂临近庭院窗边的座位总是最受欢迎的，哪怕是面对一条窄窄的庭院，在窗边一边用餐，一边看一朵睡莲在水院中央与涟漪一同摇曳，实在是一种悠闲的享受。

最能看出时间变迁的是建筑的外廊，原厂房没有外廊，白墙上原是一条水平长窗。设计在这个坚实的体量上"掏"出了一圈回廊，并利用回廊和格栅打造一个外廊生态遮阳系统，为植物生长提供空间和平台。十余年来，植物

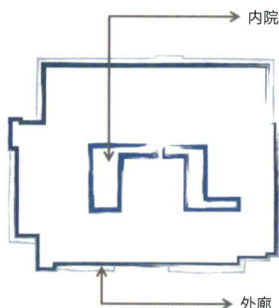

| 2009年 | 2012年 | 2014年 | 2019年 |

给了我们足够的回馈，它们越长越茂盛，慢慢爬满了整个建筑立面。

再造

　　30年前，苏州的面积仅仅是现在的十分之一，城市在扩张，一个个新城迅速崛起。笔者不禁开始思考，在物质形态、城市风貌上，老城和新城应该是怎样的关系？答案不难得出，在新城建设中，设计也不该是毫无限制的，新城与老城需要在某种内涵上连成一个整体。但因客观的经济和城市发展规律，我们不可能在新城中复制老城，新老城区的风貌一定会在直观上存在差别，但可以通过"植入"的方式，让某些传统空间形式在现代建筑中生根发芽。从整体、客观上看，这是传统空间模式的自我进化；从个体、主观上看，这是设计师对传统的继承与创新，也是"再造"的意义所在。

　　老城中承载生活的代表性空间便是院落。城市在发展中延伸了物理边界，通过在新城的建筑中植入院落，让老苏州的生活方式与空间意境也随之一同延伸。

　　星海街9号是个多层的建筑，因此在其中"再造"院落与游廊并不难，而在旺墩路的启迪设计大厦是一个高层建筑，这就为"再造"带来了挑战。为了延续星海街9号老办公楼最受人欢迎的庭院和环廊，启迪设计大厦的塔楼每四层作为一个单元，每个单元设置一个三层通高的共享空间和一圈环廊，构成了高层中的"空中庭院"和"空中游廊"。当然，自然元素依然得以沿用，即使在高空中，也种植了植物，这是老城的院落之所以富有生机的原因，也是星海街9号办公楼让人感到舒适惬意的原因，自然元素可以打破现代风格的冰冷，并从使用者健康的角度，给予员工必要的关怀。

　　园林集中体现了中国古人对人居和山水自然关系的理解，是中国空间艺术中流传至今的经典。那么，能否在高层建筑中建造园林呢？在启迪设计总部大楼中进行了这样的尝试，在门厅一侧的通高空间里，将拙政园小沧浪水院的空间形式复刻到了这里，只不过，其二维的空间流线变成了三维，曲廊转化为曲折的楼梯，楼梯凌空于水面之上，到达夹层空间。水、石、亭、廊、树，传统园林里该有的要素一个不少，都被运用到了门厅空间里。

　　院落不仅体现审美趣味，还体现技术智慧。苏州温热多雨，因此苏州的传统民居中出现了很多极小的院落，当地百姓称之为"蟹眼天井"。天井具有良好的通风、采光、排水和温度调节作用，能改善建筑内部的小气候，是古人"绿色建筑"实践的智慧体现。在现代化建设中，新的技术要求被提出，必须与时俱进地运用最新的技术来支撑美好的人居理想。在新大楼的设计中运用了很多新技术，如BIM全过程正向设计、BIM运维平台、新能源的利用、装配式超低能耗机房、智能化集成系统（IBMS）……可以预见，随着技术的发展，建筑中还会加入更多的绿色技术，而院落，依然会作为一种人们偏爱的空间而存在。

　　院落的再造立足于传统和现代化，割舍不掉的是过去，面向的是未来。

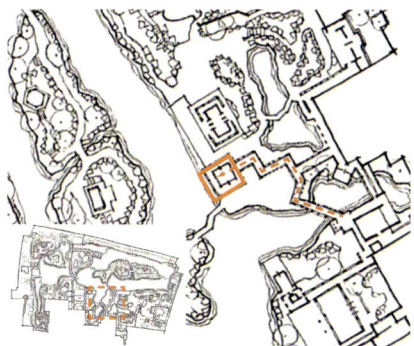

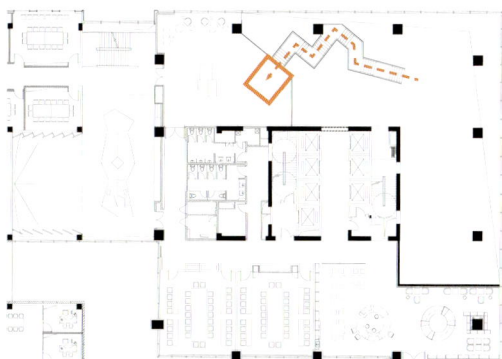

结语

　　院落，这种基本的建筑空间，从千年以前走来，在与人类社会一同的进化当中，走到了现代化的路口。院落是"空"的智慧，它诞生于一种普遍而基本的规律，它源自人类本能的空间偏好。而如何在当前的模式下"再造"院落，给人一方休憩的空间，则是我们需要深入思考的问题。因其过去存在，现在存在，未来也会继续存在，因而可以成为一种联系过去与未来的纽带，承载我们的文化记忆，也承载我们对未来的希望。

3.2 取意造园——星海街九号厂房改造

苏州工业园区星海街，2010

　　要完成一个优秀的项目，在设计前期必须结合实际，设定明确可行、科学合理的目标。星海街9号改造项目遵循了三个主要设计原则：营造能激发设计创意的办公环境；保留原有厂房主体结构并融合苏州地域空间特色；建设成为可持续发展的绿色生态建筑。

院落再造 139

项目背景

星海街9号原美西航空厂区，位于苏州工业园区首期开发的南部工业区，经过16年的发展，工业园区的产业构成已转型升级。首批进驻园区的工业生产企业逐渐东迁，原工业区的功能逐步调整为商务服务区功能。美西航空厂区搬迁后工厂空置，苏州市建筑设计研究院因业务发展需要购置这处厂房，改造升级为产业研发办公区。原厂房施工质量较好、空间完整，拆除重建必然造成极大的浪费。如进行合理的更新改造，则可延长建筑的使用寿命，最大限度地节约资源。

设计策略

作为设计创意机构，建筑内外空间的塑造要能最大限度地激发设计师的创作热情，力求表达苏州市建筑设计研究院"传承历史，融筑未来"的使命，并更好地满足各专业配合的便利。同时，为了更好地节能减排，倡导绿色、健康、生态的工作环境，在设计初期对苏州地

区气候特点进行了分析。苏州温暖潮湿多雨，四季分明。年平均温度约为15.5℃，有利于自然通风。因此，本项目的生态绿色建筑理念是："自然性"——自然通风、自然采光；"经济性"——低成本、低资源消耗；"可推广性"——保护环境、有借鉴价值。

实施措施

原厂区的总图布局是从物流运输的便利性角度来组织的，改造时以突出企业形象特点与人性化生态景观为出发点，将原紧邻建筑西侧的道路西移，两旁种植高大的落叶乔木山楝，以达到夏季挡西晒、冬季透日光的效果，沿环路共设置200多个生态停车位。为使整个空间环境产生协调、美观的艺术效果，东侧沿星海街主干道的景观以喷泉为中心，沿路绿化以园林的方式布局，选择易于成活和管理的本地树种，进行乔灌木的复层绿化，实现月月有花、季季有景。在场地西北侧利用下沉篮球场的土方堆坡种植大型常绿植物，以遮挡冬季的西北

风。在建筑屋顶种植藤蔓类植物与生态蔬菜，巧妙运用色叶乔木与观花观果植物，既增强建筑的保温性能，又能为公司提供食用的绿色蔬菜。选配植物种类时注重土地的透水、透气，强调建筑的垂直与屋顶绿化，对硬质场地进行充分的绿色生态补偿，实现既有景观效果，又降低热岛效应，改善建筑的小气候环境。

设计结合苏州的自然条件和既有厂区现状，充分利用原有的建筑结构，通过外部增加绿化外廊，内部加层并增设内庭院等处理，将原面积6800m²、层高8.4m的单层工业厂房改造成为总面积12000m²的处处有景、多层绿色生态的创意办公空间。改造后，一层为门厅、展示、餐厅、后勤等空间，二层为主要设计工作用房，三层为健身房和羽毛球场。

建筑外围原有封闭的实墙改造成可开启的落地玻璃窗，使建筑的自然通风条件得以改善。运用计算机模拟分析软件，对建筑的自然通风模型进行研究，制定出最为合理的设计方案。在建筑物中部设置两个"Z"形的开放式庭院，以保证每个房间都有独立可开启的窗户，

使得原本闭塞的厂房，拥有了流畅的空气通道。建筑屋顶原有的11个天窗也得到改造，保证了设计空间的照明需要。根据办公楼占地面积大、层数少的特点，白天照明采用日光照明系统，太阳光通过高效的光导管和带有紫外线滤除功能的透光罩引入室内，白天建筑内二层的走道、门厅、大开间办公室、会议室等场所利用自然采光，基本不需要额外的人工照明，可以最大限度地节约照明用电。长期工作在日光色温场所能使员工身心愉悦，工作效率大幅提高。设计师在座位上就能清晰地感受到室外的天气情况，即便天空飘过一片云，都会在室内形成光线变化。

在原有外围护结构基础上，建筑东、南、西、北四个立面各增加了一圈宽2.4m的露天外廊，在二层的高度形成一圈休息平台，种植了凌霄、紫藤等攀缘植物，并结合竖向遮阳格栅设计成生态垂直遮阳系统，冬季植物叶子脱落后可以给室内带来充足的阳光，夏季茂盛的植物可以很好地遮挡日晒及眩光。

小结

    本项目改造完成后获得了绿色三星级标识认证，成为被动式节能绿色生态建筑的示范项目。在大楼投入使用的十年时间里，使用者感受到人性化设计带来的种种好处，舒适健康的办公条件提高了员工的工作效率，鸟语花香的工作环境让每个人身心都得到了放松。苏州市建筑设计研究院也在这十年间完成了企业的升级发展，在2016年上市后更名为启迪设计集团股份有限公司。我们希望能通过绿色建筑的实践，推广建筑节能，创造生态城市，成为绿色生态建筑设计的引领者。

146 合一的建筑

2009   2010

2012

2022

3.3 空中院落——启迪设计大厦

苏州工业园区南施街，2023

启迪设计大厦作为启迪设计集团新总部大楼，是中国（江苏）自贸试验区苏州片区正式挂牌后奠基动工的第一栋总部大楼。2020年本项目获批江苏省高品质绿色示范项目，因其集建设方、设计方、运维使用方"三位一体"的独特性，成为全过程落实传统文化精神与绿色低碳理念的实践案例。

传承与延续

启迪设计集团股份有限公司前身是苏州市建筑设计研究院，在70年的发展中深受苏州文化的熏陶，设计注重将江南园林、院落的空间意境融入现代建筑设计中。在上文星海街9号的老办公楼改造中，已开始探索将传统院落空间与现代建筑设计相结合。在老办公楼使用10年后，对员工发放的满意度调查问卷显示最满意的几项内容为：可以提供丰富自然通风与采光的内院落、拥有垂直绿化的生态外廊与露台、入口门厅中的苏州元素等。可以发现，院落、游廊、半亭等具有苏州传统意境的空间元素，在现代建筑中仍具有很强的吸引力。

启迪设计大厦所在的苏州金鸡湖东岸自贸试验区是一片高容积率开发的商务区，在高楼林立的城市空间格局成为主导的商务区中，多层建筑组合而成的院落、游廊空间的设计手法很难得以实现，因此在高层建筑中以新的形式演绎这些传统空间是启迪设计大厦设计创意的重要探索。

在新大楼设计中，将高层塔楼在竖向分成七个单元体，每个单元体四层，单元体内设置一个三层通高的共享空间和一层四周收进的阳台区域，三层通高的共享空间构成了高层中的

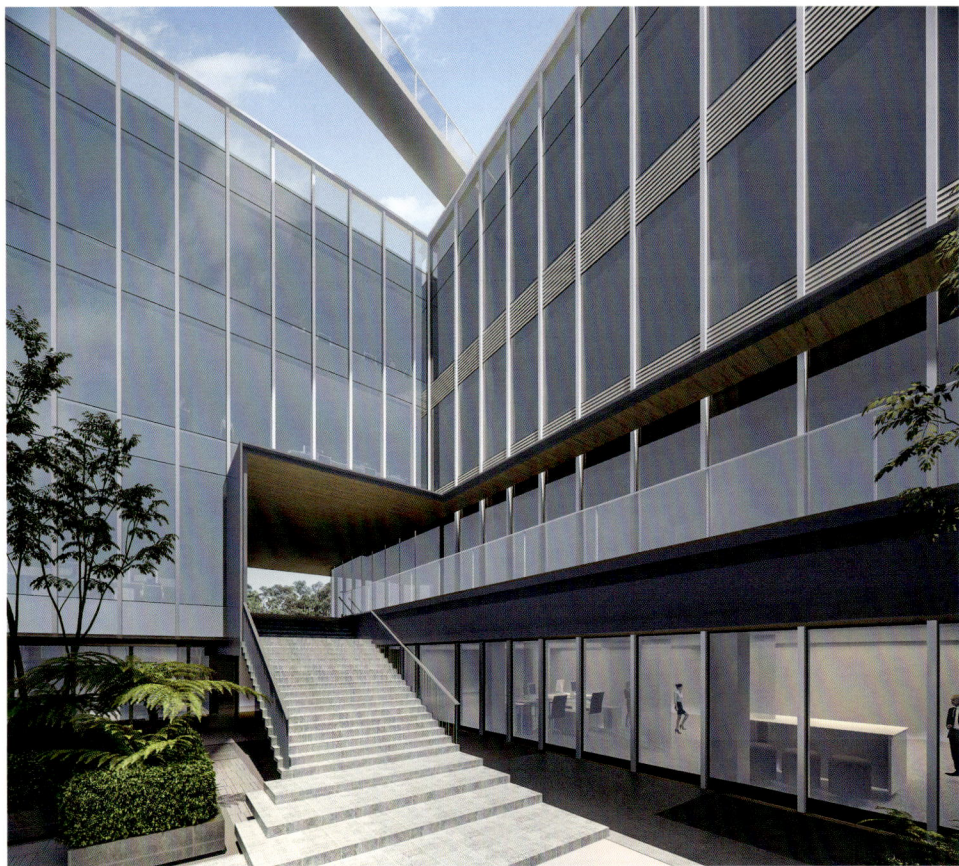

"垂直院落"，而四周收进的阳台区域宛如"空中游廊"，"垂直院落"与"空中游廊"叠加而成的多层空间格局，延续了老办公楼中最受欢迎的院落与环廊空间。

除了院落与环廊，在老办公楼的问卷中还有一个满意度高分项，就是入口门厅中的半亭，这个半亭源自启迪设计前身苏州市建筑设计研究院人民路办公楼门厅中的四分之一亭。启迪设计大厦的门厅设计依旧延续了这一元素，也是寓意公司传承中不断发展的历程。除此之外设计还将苏式园林元素进一步延伸，将拙政园小沧浪水院的路径空间引入门厅一层与二层的垂直交通空间上，原本单纯的直跑楼梯，通过曲折的踏步转化成六折曲桥凌空架于水面之上，沿着灵动的步行流线一边观赏北侧河道风景一边步入二层，将枯燥辛苦的爬楼变为休闲赏景的漫步。

挑战与创新

在延续星海街9号老办公楼的传统院落与自然生态空间特色外，启迪设计大厦的设计还面临新的挑战与创新。

首先是如何应对城市环境并扮演好自己的角色。启迪设计大厦位于苏州工业园区湖东CBD，基地北侧紧邻苏州现代传媒大厦，从两栋建筑之间的中央河向西望去，正是苏州工业园区最重要的地标——东方之门。在这样一个重要的区位，新大楼需要兼顾与周边城市环境的协调和企业形象的塑造，此外还要体现传统的苏州意象。

塔楼方形平面四个90°的角部被扩大成99°，4个面通过转折形成8个折面，每四层组成一个单元，上下相邻的两个单元平面互成镜像对称，抬头仰望层层错动的塔楼形体，仿佛是重重叠叠的苏州民居坡屋顶。

星海街9号的院落

启迪设计大厦的空中院落

星海街9号的环廊

启迪设计大厦的环廊

人民路办公楼门厅的四分之一亭

星海街9号办公楼门厅的半亭

启迪设计大厦门厅的全亭

其次是应对启迪设计当下的使用需求与未来的发展需求。近几年随着公司上市与全产业链的布局，分子公司与机构相继成立，这就需要打破传统单一的办公空间形式，转变为既相互独立又方便联系，且有一定共享交流空间的新型办公形式。于是设计提出了"block"即组团空间模式，每个"block"里有前面提到的三层通高共享交流空间、空中游廊及转角的讨论区、共享工位等。裙房和塔楼的屋顶设置了屋顶花园和运动场地，为员工提供更多样的社交与运动空间。

最后是应对可持续发展的理念和绿色建筑的发展趋势。新大楼中运用了大量先进的绿色技术，在持续降低能耗的同时更多关注使用者的健康与舒适，智能化的运维系统使绿色建筑从粗放型向精细化转变，达到高效绿色的可持续应用。

结语

启迪设计大厦是在高层建筑中以现代手法演绎院落与游廊的一次新的尝试，它与上文解析的星海街9号办公楼一样，承载了对传统与现代的思考和对生活与空间的体验。希望通过设计让建筑融入自然，达到人与自然的合一、传统与现代的合一。

屋顶花园

"云端运动场"

入口大厅

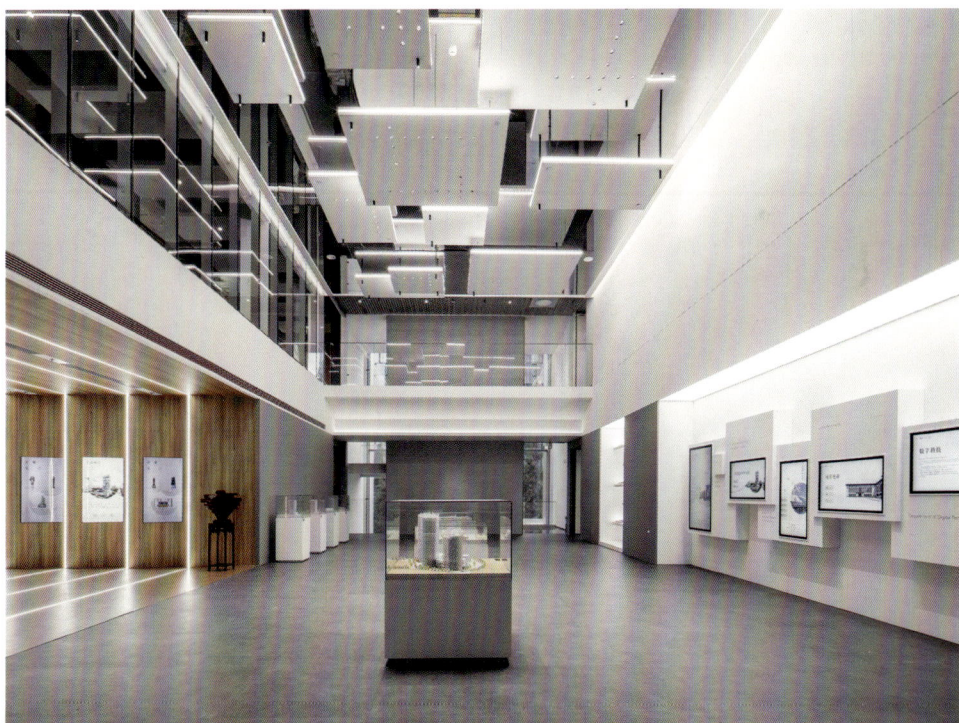
企业展厅

3.4 陌上园林——丁家坞酒店

苏州市吴中区，2019

　　山地建筑讲究建筑与山谷环境的融合，然而要将一组20000m²的酒店建筑"融合"进山林是很难的，正如童寯先生在《江南园林志》中说到"园林的妙处，在虚实互映"，若环境为虚，建筑为实，则可以将建筑与环境相结合，达到"虚中有实，实中有虚，或藏或露，或浅或深"。

轴线的设计

　　项目位于太湖之滨的一处山谷——丁家坞，场地三面环山，南侧面向太湖，项目用地南北较长将近350m，东西较窄100m左右，地形高差起伏较大，最大高差将近33m，我们根据等高线的特点将建筑成组团式布局散落在山谷中。作为酒店建筑，大堂的位置和视觉景观是给住客的第一印象，因此大堂的选址尤为重要。几经现场踏勘，我们最终将大堂设在24.5m标高的半山腰一处较为平坦的位置，比南侧11.5m标高的太湖大道高出13m，此处向南恰好可以越过南侧太湖大道两侧的树冠远眺太湖山水，而树冠既恰好挡住道路又成为绿化近景。项目用地南侧有一座已建成的海洋馆，为了大堂远眺太湖的视线不被海洋馆遮挡，我们将大堂主轴线向西偏转，使远眺太湖的视线避开海洋馆，同时海洋馆主馆也被特意布置的酒店餐饮组团遮挡，使得从大堂向南侧看的视线纯净而优美。

路径的设计

确定大堂的位置后，第二步是考虑进入大堂的路径，大堂选址距离太湖大道仅140m，我们希望利用项目地处山谷的优势，给住客一种山林隐居的感觉，因此在南侧太湖大道先设置了一个酒店院门，进入后转弯可以有效地降低车速，之后一条刻意拉长至250m的林荫路环山而上，低速行驶让这条林荫路给人幽深的感觉，可以消弭太湖大道的嘈杂，使客人逐步感受到世外桃源般的宁静。

为了消减建筑体量，我们将各功能区相对独立成组布置，大堂成为各组团的核心枢纽。大堂是一个独立的双面厅，从二层进入后，看似是一个单层建筑，入口的雨篷及大门并不高，然而四坡的屋顶让中部空间最高处达到了18m，使得空间更加开阔。大堂主入口朝东，南侧布置接待区，可以远眺太湖，北侧设置咖啡厅、大堂吧，可以欣赏山谷竹林，这样的布局方式也是从苏州古典园林"曲径通幽、欲扬先抑、豁然开朗"的手法中获得的灵感。

功能策划

本项目在设计之初并没有明确的任务书,所有功能的策划都是结合地形、地貌、景观反复调整修改完善的,包括客房数量、多功能厅的大小等,力求达到与地形的最佳结合。

基地的东南角相对平坦,这个区域接近入口,方便餐饮、宴会人流的进入,同时也不会打扰到酒店的住客,我们将宴会厅、餐饮区设置于此处。客房区的策划结合地形分南侧观湖的标间客房和北侧山谷的独栋、双拼类套房,这样的设计使每种客房都有各自的特点。在山谷最深处的制高点,我们设计了一套最大的独栋套房,在反复推敲地形标高与前部建筑屋顶、树冠高度之后,该处建筑成为酒店最美的观景客房。

山地客房

项目所在的山谷坡度较陡,我们结合山地标高,在酒店前区设计高区客房和低区客房这两个带状标间区,低区客房和大堂直接相连,高区客房可从大堂通过一段山地台阶进入,也可以乘坐环山的电瓶车从高区的二楼直接进入。所有楼层的标高都经过反复推敲,高区二层恰好与顶部山路持平,高区一层客房视线可以越过低区屋顶远眺太湖,而低区的一层与大堂标高持平,在景观视线上,近可以观赏下部中央室外泳池花园,远可以眺望太湖山水,这样的标高设计可以使每间标准客房都能看到太湖美景。

酒店后区客房位于山谷内部,我们利用山势特点设计为叠加双拼客房。下部双拼由底层18m标高道路进入,上部双拼叠加在下部客房之上并结合山势后退,使客房室内地坪与40m标

高环路齐平，上部双拼客房就可从40m标高的环路直接进入。后退形成的露台正好作为客房的露天观湖花园，露台前部特意设计了一组绿化花池，可以避免客人紧贴露台向下观看打扰到下部客房，这样的设计可以使上下两组客房完全独立，同时也保证了各自的隐私。

在山谷16m标高处，我们结合景观设计了5组单层日式合院，合院层高及檐口刻意压低隐藏在树林中，形成山林幽静的小屋，每组合院设计2间客房加1间和式茶室，每组建筑结合地形起伏，虽电瓶车不能直接到达合院门口，需经过一段小径，但正是这种蜿蜒的路径体验更凸显山谷隐居的意境。这5组客房也成为旅游旺季最受欢迎的房型。

聚落公区

酒店公区开间面积较大，因此结合山地建筑特点，将公区设置在较为平坦的东南部。我们希望这组公区建筑能够形成一处山林的聚落。这个部分的设计是从屋面的组合入手，在反复的组合中始终找不到聚落的灵动感，于是我们描绘出太湖边几十个村落的总平面放到场地中进行比对，向传统学习，研究传统村落的肌理及空间构成，其中有一组小村落正好与我们的场地形状有些吻合，自然形成的聚落组合也立刻让场地生动起来。随后我们结合功能及现场保留的几处姿态较好的树木对聚落组合进行调整和修正，使功能与聚落组合能够很好地结合在一起。

面向太湖的室外泳池呈长方形，位于大堂南侧主轴线上，仿佛一面镜子倒映出湖光山色，又如太湖的延续，将视线送至远方。无边际泳池的设计所带来的仪式感令酒店建筑空间氛围达到一个高潮。室外泳池作为前区的开阔景观被多功能厅、会议区、室内泳池区、餐饮区围绕。

自助早餐区位于一层，朝南面向泳池，设计师这样的刻意安排是希望美好的一天从早餐开始，清晨的阳光洒在泳池的水面，倒映出周边的山谷树林，阳光照进餐厅，这正是度假休闲的早上该有的模样。同时，早餐厅窗外正好与西侧渔洋山顶的渔洋阁形成对景，酒店的健步道与渔洋山景观道连通，目的也是吸引住客在享受早餐之后能体验爬山健身的乐趣。室内泳池位于室外泳池南侧的客房区底层，嵌在山体中，有溶洞池水的寓意，室内泳池透过北侧的落地窗与室外泳池形成呼应。大堂的底部是会议区，会议区主景观面向山谷，室内设计成禅修室的风格，正好与山谷意境相吻合。

公共空间都设计有大面积通透的落地窗，最大程度地将窗外渔洋山和太湖的绝妙景观收入室内。

与自然结合的绿色设计

    分散式的精品酒店在运营阶段能耗相对一般建筑较大，因此在方案之初，我们就希望用建筑设计的手段尽量使每个功能区域都达到良好的自然采光与通风，以降低运营阶段的能耗。酒店建筑中使用最频繁、耗能较大的门厅大堂空间不只设计了4面采光充足的玻璃门窗，还在大堂中部设计了顶部采光。同时结合苏州春秋季节凉爽的特点，在大堂南侧设置了整面折叠门，在春秋季可以完全打开，形成天然的大堂氧吧，这也在实际使用中得到好评。在这个设计中我们也发现，优美的景色可以激发人们的积极情绪，同时可以降低人们对舒适温度

的要求。相比空调间，很多客人会更愿意选择沉浸在自然中呼吸山林氧气，因此大堂的折叠门全开，即使有时天气温度达不到舒适的程度，客人还是乐于接受，因为美景与氧气太吸引人了。

　　村落式的总图布局形式，使各单体建筑组合形成很多围合的或半开敞的院落，通过院落的植入和体量的拆解，使得每一处内部空间都能够与外部自然环境亲密相连，将最好的自然光照和通风引入室内。同时建筑的第五立面选择层叠的坡屋面，既表达传统村落的意境，又能利用出挑深远的屋檐起到有效的遮阳作用，同时可以减少雨水对墙体的侵蚀。

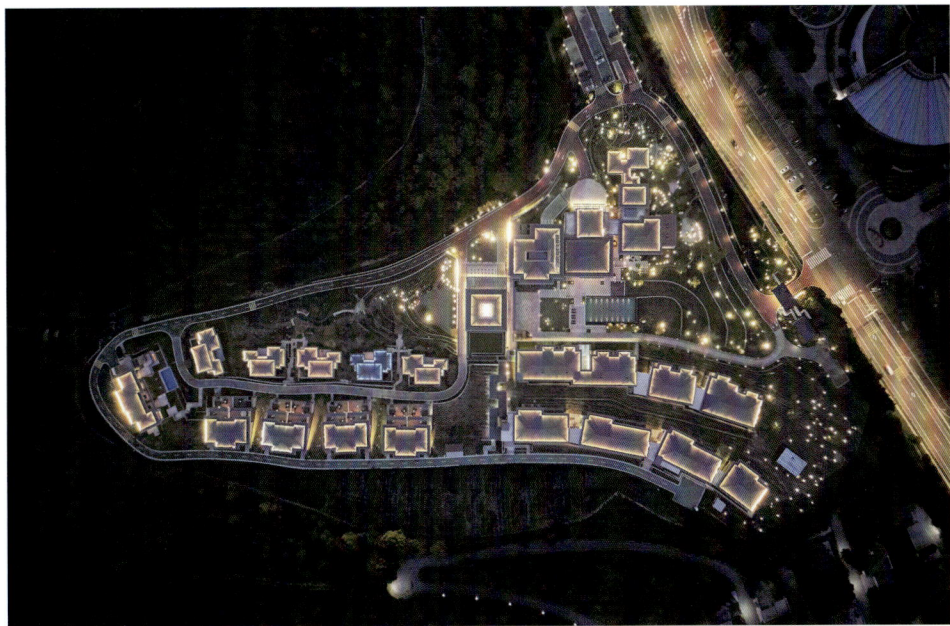

一体化设计

本项目是一个设计总包项目，在设计前期，室内、景观、幕墙、机电等10余个专项专业就同步介入到项目之中，各专业提前介入，并覆盖项目设计全过程，特别是建筑、室内、景观3个专业同步推进，使室内、室外的景色得到充分互通，既提高设计的品质，又大幅度减少后期的变更工作。

结语

建筑作为人与自然的中介，要像植物一般落地生根，合天时、地利，与大自然融为一体。建筑既要根植于自然环境，又要服从于自然环境。建筑师所策划、规划的是建筑的空间，关注的是身处其中的人们感受到的景色，这个景色当然也包含建筑，以及由路径、空间所构成的更美的景色。

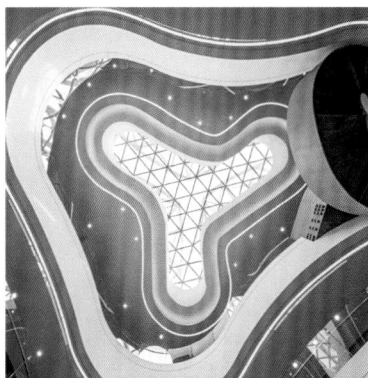

4

空形相济

4.1 "空"与"形"

古希腊哲学家巴门尼德有过这样一个论述："当你思想的时候，你必是想到了某个事物；当你使用一个名字的时候，它必是某种事物的名字。因此思想和语言都必有其所指向的客体。当我们讨论物质和物质之间是'什么'的时候，我们想必已经承认了这个'什么'的存在，即使我们暂时不知道它是什么。因此，物质和物质之间是在空间上连续的，宇宙是一个充满物质的实心体。"

这个观点在如今看来不免荒唐，我们讨论的物质和物质之间的那个"什么"为什么非得是物质实体呢？作为中国人，我们似乎有一个哲学上的共识，这个共识有着不同的源头，也有着不同的叫法，但其核心一致。

空形相济的理论来源与含义阐述

在中国古人的认识中，物质是"有"抑或称为"形"，物质之间是"无"抑或称为"空"。是谓"有无相生，难易相成，长短相形，高下相倾，音声相和，前后相随"，这句话出自老子的《道德经》，列举了相互对立却相互依存的几对概念，尤其是其中的"有无相生"，是道家认为的宇宙之所以形成之规律，道家称之为"道"。

20世纪20年代，来自西方的一种相似的哲学思想传入中国，它以古希腊时期赫拉克利特的观点为其滥觞，经德国古典哲学而成熟，最终被马克思主义所吸纳——它被称作"辩证法"。这种思想一经传入中国，马上与这片土地上孕育出的古老智慧产生共鸣，因此中国人很快接受了它。

辩证法认为，形成对立的两方之中，必有一实一虚，实者谓"形"，谓"有"；虚者谓"空"，谓"无"。"空"与"形"常常一强一弱，"弱"者的弱势不代表着它的不重要，它的弱得以缓冲"强"者的强势锋芒，让矛盾得以有转圜的余地。同时我们应该意识到，"弱"者不恒弱，"强"者不恒强，"空"与"形"的强弱关系常常互相转化。

对于建筑设计而言，我们常常面临多方的需求，这些需求可能来自业主、政府，或实际使用者，乃至周边可能受其影响的人们。建筑设计面临的基本问题就是将这些无形的需求反映到有形的设计上，从这个角度来说，建筑设计的过程是一个"无"中生"有"的过程。只要稍加辨析就会发现，这些需求可以分为直接作用于建筑形式的"形式需求"，例如标志性、文化内涵、与环境的交融等；以及对内部的"空间需求"，例如功能、空间、流线等。这两种需求构成了一对矛盾，一对空与形之间的矛盾。对于建筑设计来说，必须结合设计中遇到的若干具体情境，深入挖掘其对设计的理论潜力，才能转化为具体的"设计方法论"——我称其为"空形相济"的设计方法论。

以形界空——回顾句容"江苏硅谷"展示馆与那拉提草原游客中心项目有感

以形式逻辑作为设计的切入点是一个常用的方法，尤其是对于大中型的项目而言。因为对于其外部环境——不论是城市环境还是自然环境而言，规模越大的项目就有着越大的影响力；而对于其内部逻辑而言，规模越大的项目其内部的布置则有越多的可能性，有越多退让的余地。因此这种优先考虑外部逻辑（形），进而再进入内部逻辑（空）的顺序是合理科学的。

在句容"江苏硅谷"展示馆中，我尝试了用符号给建筑赋形。20世纪70年代，后现代主义繁荣一时之后，在人们对它的批评与反思中，"符号"一词似乎成了一个负面的词语。但是当我们跳出西方的评价体系，追溯我们的传统的时候，会发现符号是极具正向价值的。例如，

中国古代的明堂辟雍，外圆内方，以象天圆地方，东南西北各有房屋，以象春夏秋冬四时。至于某一些设计中出现一些过于具象的符号，而导致设计的品质与立意受损，这应属于符号形式之优劣的讨论，也是使用符号手法给建筑赋形需要注意的点。

在那拉提草原游客中心项目中，建筑的形来自对地形的思考。建筑应当与地形共构，把建筑与大地看作一个整体来设计。那拉提位于新疆伊犁州新源县那拉提镇东部，瓦刺蒙古语意为"绿色谷地"，又因其平均海拔1800m，因而被称为"空中草原"。在这高海拔的草原之上，绵延起伏的草坡和清澈的蓝天构成了它的基本面貌。建筑在这其中应当与环境融合一体，建筑的屋顶被设计成和草原一样柔缓起伏的形式，并在屋面铺上人工草皮，让它看起来像 一个真的草坡。在四层设置了观光环廊和室外观光平台，可远眺河谷草原及周边风光。第四层的屋顶同样采用柔和的曲线，但颜色为白色，远远看去像栖息在草坡上的一朵云。

以空塑形——启迪设计大厦项目解析

如果只从外部形态入手，无疑会大大折损设计的可能性。对空间的期望能否在前期对方案产生决定性影响呢？"空"的意义是什么呢？

"空"的意义应当从两个方面来理解：第一是"空"本身的艺术价值与功能价值，"空间"自现代主义运动以来便一直是建筑学领域讨论最多的词语之一，自那以来建筑师们对空间艺术效果与功能潜力的追求从未间断。第二在于"空"是"形"背后一条重要的逻辑。

在星海街9号的办公楼工作了近10年之后，笔者带领着启迪设计的一众同事设计了新办公楼——启迪设计大厦。在设计的过程中，我们向员工发放了问卷，征求了大家对

新大楼空间的期望。结果显示,星海街9号办公楼的庭院和环廊深受同事们的喜爱,大家希望在新大楼中也有这样的惬意空间。

因此新大楼在设计中充分尊重了员工对这类空间的真实诉求。竖向上,大楼每四层为一个单元,每个单元都有一个环廊和一个三层通高的共享空间。这种单元组织的逻辑也在外观上体现了出来:外观展现为在裙楼基座上竖向叠放的6个单元,每个单元之间由环廊作为划分。大楼在方形平面的原型基础上对其立面进行了曲折变形,将4个面变成8个面,这个动作不仅使外观更加丰富灵动,也让环廊像传统园林的游廊那样曲折盘回,与这座富有文化韵味的城市产生了某种微妙的互动。

空而具形——空的决定性与功用性

正如前面谈到的，"弱"者不恒弱，"强"者不恒强，"强""弱"可互相转化，也可互相融合。当"埏埴以为器"，空就变成"器之形"；当"凿户牖以为室"，空就变成"室之形"。如此看来，似乎空总是弱势，那它的形状总是由别人来决定的吗？并非如此，当人们希望"有器之用"，希望有器之形的空间，才塑造了器；当人们希望"有室之用"，希望有室之形的空间，才筑造了室。由此可见，空对形的决定性。

空而具形，然，空当具何形？从功用的角度讲，空间的形态应当满足人们的使用需求，沙利文所说的"形式追随功能"正是此意。从文化的角度讲，江南的院落、天井、园林，这些"空之形"何尝不是一种文化符号呢？在江南的在地建筑实践中，我希望延续这些形式的空间，这些形式不需要任何其他概念支撑，其背后的文化、历史，以及我们对它们未曾断绝的记忆，自是其强大的支撑。因此，才有了本书"院落再造"一章中关于院落的一系列实践。

结语

回到开头，物质和物质之间的"空"到底是什么？即物理学意义上的空间到底是什么？狄拉克说空间是一片负能量电子海洋，但即使过了千年，仍然众说纷纭。物理学与哲学如此玄妙，只能说我们掌握了部分规律，但远未掌握其本质。我愿带着"空与形"的问题继续思考，对这千年谜题一切可能的答案继续探索。

4.2 错动时空——江苏银行大楼

苏州工业园区，2015

设计通过两个"J"形体量旋转生成，两个体量在空中各向东、西整体旋转悬挑4m，互相环抱，不断攀升，象征着企业蒸蒸日上的积极形象。生成后的南北两个体块很好地呼应周边的环境，通过实虚的对比，巧妙地体现银行建筑的"坚实性"和鼓励公众参与的"透明性"，也更好地与建筑内部空间的功能结合起来。

环境

江苏银行苏州分行大厦（以下简称江苏银行大厦）地处苏州工业园区金鸡湖西CBD中轴线北侧，与苏州地标建筑"东方之门"相邻，东侧为金鸡湖景区，地理位置优越，景观资源独特。在这样一个高楼鳞次栉比而充满秩序的城市CBD中心区，每一栋建筑、每一条街道、每一个广场和每一条景观河道都认真"恪守"着各自的边界。正因如此，才使城市界面得以健康、有序地增长，从而形成各自的内在生长逻辑。同时，它们又因各自特定的场所关系，产生出相互对话与互动需求，孕育了如"你在桥上看风景，看风景的人在楼上看你"的城市意境。在这样的双重秩序下，不同时期的建筑个体尽管有着不同的时代烙印，却能长久地延续着城市的脉络。

挑战

处于高密度的高层建筑聚落语境中，如何在满足严格的规划条件的同时，既能在空间里寻求自身的存在感和标识感，又能对所存在的空间做出情感回应，以谦逊的姿态融入整个城市脉络中，是项目面临的最大挑战。

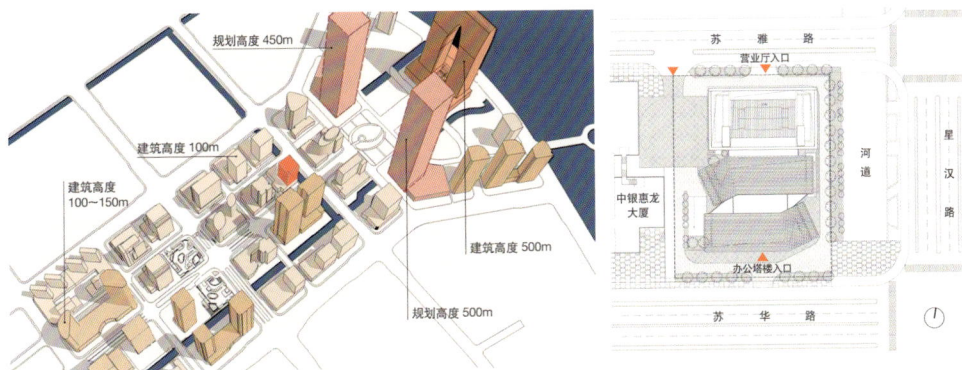

此外，结合场地、规划限制以及业主的使用要求等多方要素，项目还面临如下难点：（1）建筑限高100m，但基地面积仅有5120m²，而容积率要达到6.5以上，地块南侧为地铁线路，因此要求严格控制建筑退线和出入口，从而严格限定了建筑界面和体量；（2）业主要求建筑平面布局方正，整体风格符合传统金融机构的建筑形象；（3）要求采用绿色建筑措施，并可观赏到地块东向的金鸡湖景致；（4）项目停车指标要求较高，地下停车要求达到170辆以上。

策略

应对这些挑战，我们采用了三点设计策略：

（1）由于建筑用地面积紧张，我们选择在群房底层设置架空柱廊，底部架空空间与高层北部主入口区相连。结合周边道路、河道景观等资源，形成一个完全开放的公共广场，介入城市空间，降低大体量建筑对城市高密度路网的压迫感，提升行人在其间活动的体验感，并与城市空间形成良性对话。

（2）形体设计上，在看不到金鸡湖景致的低区，体量力求简单方正，而塔楼高区通过两个相互环抱的"J"形体量在空中向上扭转攀升，形成从五层开始逐渐放大的2～3层不等的通高空中花园。东南向花园直面金鸡湖景观，西北向花园面向古城区，形成独特的景观视野，满足了业主的景观视野要求。同时，塔楼东西向立面采用石材幕墙，符合绿色建筑要求。

（3）平面布局上，充分尊重使用功能，通过大尺度标准层和柱网的设置，结合核心筒的合理布置等，尽量降低交通面积损耗，形成高效、灵活、充满人文关怀的办公空间。

这三点策略的提出，又间接对整栋大楼的设计带来极大的挑战。通过巧妙的结构设计，控制梁高，形成4层的地下空间，在满足停车位的同时尽量减少地下开挖；由于地块南侧为地铁线路，也对地下室施工造成了巨大的困难和考验；南北形体在空中的转体悬挑以及空中花园的钢结构屋顶也成为结构设计和幕墙设计的难点。

幕墙设计

江苏银行大厦的设计目标是通过建筑自身的生成来强化区域建筑群的内部秩序，增加建筑间的关联性，彼此相互补充、相互作用。江苏银行行徽以"江苏"首字母"J"旋转构成钱币方孔造型，具有明显的金融建筑意向和特点。建筑形体通过两个"J"形体量旋转生成，两个体量在空中分别向东、西整体旋转悬挑4m，互相环抱，不断攀升，以表达企业蒸蒸日上的积极形象。南北两个体块在体量上呼应了周边环境，通过实虚对比，体现银行建筑的"坚实性"和鼓励公众参与的"透明性"，同时与建筑内部空间的功能相结合。在体块之间形成东南和西北朝向的空中花园，使建筑内部视线向景观展开。由于建筑空中转体悬挑结构的巨大挑战，在透明共享空间的玻璃幕墙设计上最终选择了点式幕墙，并且分成5块不同的斜面进行组织。

东西立面正对着车流和人流的主要方向，在此我们使用了"格栅式"石材幕墙，在体现

银行建筑坚实形态的同时，选择性地过滤了阳光，拓展了景观视野。格栅式石材幕墙的构造节点经过多轮的调整优化和现场挂样，将石材间距和进深控制在0.5m。格栅宽度和深度的比例为1∶1，这样既可达到舒适的遮阳效果，又避免了格栅式石材幕墙带来的紧张感。南北立面在每层均间隔布置铝合金竖向线条，形成整体的韵律。

　　总体布局中，塔楼被放置在基地南侧，和东西地块的塔楼位置一致，保持了城市界面的连续性。建筑底层空间与外部城市空间直接相连，带来城市功能的复合效应。建筑一层的幕墙玻璃均采用防弹玻璃，将幕墙竖向龙骨的间距放大，并在龙骨转角做弧形处理，以提高内外视觉的通透性。北侧结合西侧广场与中银惠龙大厦广场相接，东侧与景观河道步行道相连，将建筑底层架空并配以尺度适宜的柱廊，将绿化充沛的底层空间打造成鼓励人们交流的场所，两个广场可达性强、便于使用且具备特殊的空间性质。"内部功能空间—架空柱廊—景观—广场"的序列既保证了建筑内部功能的私密性，又能以开放的姿态重塑城市的空间形态。

200 合一的建筑

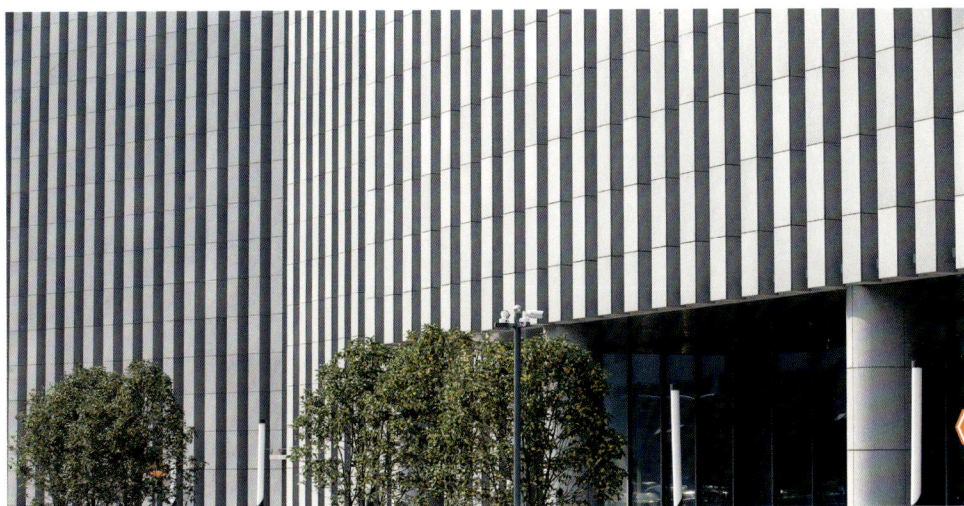

设备管井和建筑核心筒的布置

　　核心筒的面积直接影响着建筑内部的空间利用率，我们将设备管井布置在塔楼的4个角部，石材封闭的角部不仅被利用起来，且与建筑南北立面的造型紧密结合，形成建筑坚实的形象。塔楼部分为层高4.2m的标准办公层，在36m×39m的标准层平面中，将核心筒尽量集中布置并控制面积，其布局采用"完整墙体"的形式，即核心筒面向办公空间的外墙是没有开洞的完整墙体。无需围绕核心筒形成交通回路，进而减少整个平面的辅助交通面积损耗，既提升了室内空间的利用率、灵活性和舒适度，也更易于对维修清洁服务进行控制和管理。

结构技术的创新

　　建筑主体为框筒结构，为了加强整体结构的稳定性，在塔楼核心筒的周边和报告厅的北侧布置了钢骨混凝土柱。与钢筋混凝土结构相比，钢骨混凝土结构承载力大、抗震性能好，更为经济。建筑顶部采用大跨钢结构外包铝板，考虑到高度的问题，将顶部石材改为仿石材的印刷铝板，既减小施工风险，又能够保持建筑外部效果的整体性。

　　南北体量在空中的转体悬挑为结构设计的难点。设计之初的构想是在悬挑处设置钢筋混凝土斜柱，斜柱延伸到屋顶时交于一点，但因斜柱与垂线的夹角达到了9.3°，与水平框架梁形成三角形的几何不变体系，地震时变形性能差，达不到结构抗震要求，所以只能另求他法。最终选择了悬挑梁结构，因为悬挑只有4m，属于施工可控制范围，最后在4个角部向南北出挑

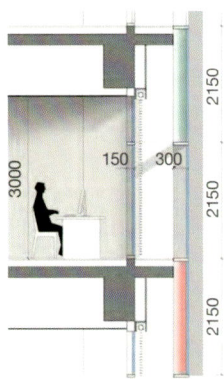

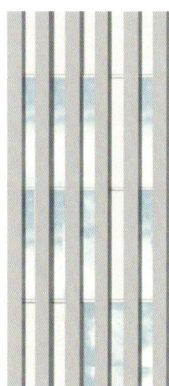

的部分采用钢结构悬挑桁架的处理方式。

　　由于规划指标对停车要求很高，而地面可建设范围非常有限，所以建筑地下设计了4层，开挖深度达到16m。为了尽量减少开挖深度，我们运用无梁楼盖和密肋梁等技术降低层高，将地下二、三层非人防区层高降至3.8m。

绿色技术措施

　　东西立面的格栅式墙体采用抛光花岗石，过滤来自东西向的日光；厨房、餐厅和三层健身房的热水均来自太阳能集中热水供应系统，太阳能集热板设于裙房屋顶，集热板面积达到了200m²，平均每天可提供60℃热水12m³；采用雨水收集系统用于景观植被的灌溉，景观的硬质铺地采用透水砖等材料铺设。通过以上一系列的措施，将能源的耗费减少到最低限度。项目获得了绿色建筑二星级标识认证。

结语

　　"源于技，达于艺"是江苏银行大厦设计的出发点，也是设计的最终目标，更是建筑师对于设计的最高追求。建筑不只是形式的，也不仅是功能的，更是人文的，设计最终要回归到使用者。

4.3　触摸符号——句容"江苏硅谷"展示馆

江苏句容，2019

设计结合清华科技园与启迪文化，提出"TUS-ICON"的设计理念构思。通过对启迪控股企业特质和文化的提炼，以及建筑形体的演绎，来诠释启迪控股从"三螺旋模式"到"集群式创新"的理论实践。

项目背景

"江苏硅谷"是由句容市政府与启迪控股合作开发的江苏省重大项目，总投资金额超200亿元。项目以扬子江城市群高速互联计划为背景，引进启迪控股旗下相关产、学、研等各类项目落地句容，通过建设数字产城示范项目，打造数字产业、数字园区、智慧句容等数字产城为核心产业的高技术产业基地。

硅谷展示馆是"江苏硅谷"的标志性建筑。基地位于"江苏硅谷"核心启动区，到句容市区约3公里，到禄口机场约37公里，西部干线穿园区而过，未来轻轨S6线将在基地南侧设置黄金坝站。

句容市政府希望"江苏硅谷"的标志性建筑——硅谷展示馆作为整个园区的启动窗口，"筑巢引凤"引领园区的发展，作为这个片区的标志性符号，要求建筑形象具有较强的可识别性。

启迪控股是一家依托清华大学设立的综合性大型企业，依托全球创新网络和全链条孵化服务体系，通过"孵化+投资+并购+联合"策略，在环保、数字经济、清洁能源、医疗健康、新材料等领域逐步形成了战略新兴产业集群，掌握了大量拥有自主知识产权的核心技术，在实践中逐步形成并完善了创新主体、创新要素、创新载体的"多重立体三螺旋"模式。启迪

总平面图

  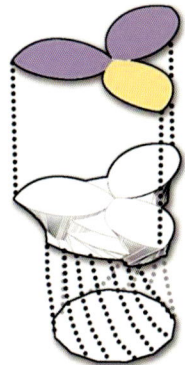

形态生成

控股希望硅谷展示馆能够体现其企业文化与发展理念，要求建筑形象蕴含一定的文化与精神意义。

由符号发展出的形

启动区位于Y形河道的分叉处，这样的地形条件天然地具有一个对称轴，顺其自然将其打

造为一条绿轴。为了将被河道分割的地块联系在一起，又设置了一条横向绿轴将地块串联起来。硅谷展示馆就位于一纵一横两条轴线的交汇处。

在明确了展示馆的位置之后，接下来需要考虑建筑的形态，它既要有足够强的标志性，又要体现启迪控股的企业文化与发展理念，同时还要与场地相呼应。在梳理了诸多的信息后，一个数字浮现出来，那便是"三"：启迪控股的"三螺旋"发展模式；启迪控股的企业LOGO也刚好像是枝头上的三片叶子；此外，整个启动区被Y形的河流分成了三个区域。众多设计要求与条件巧妙地耦合在一起。

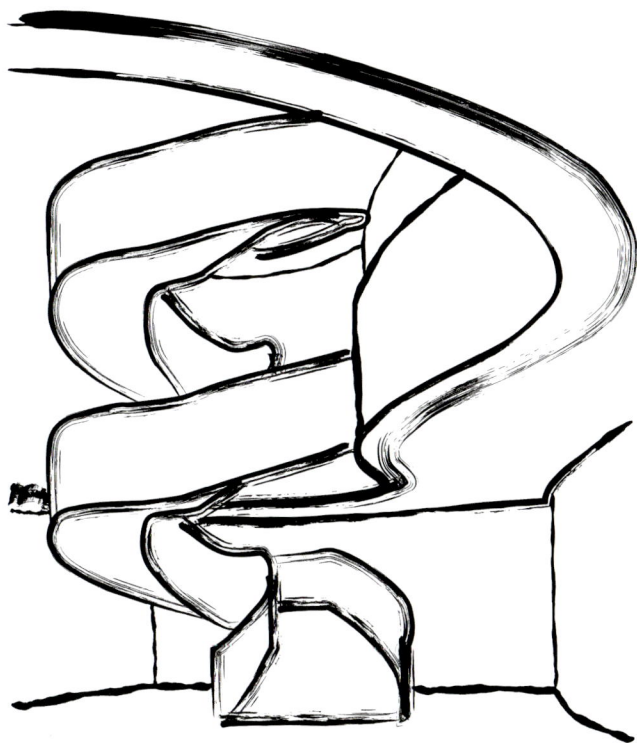

中庭楼梯手稿

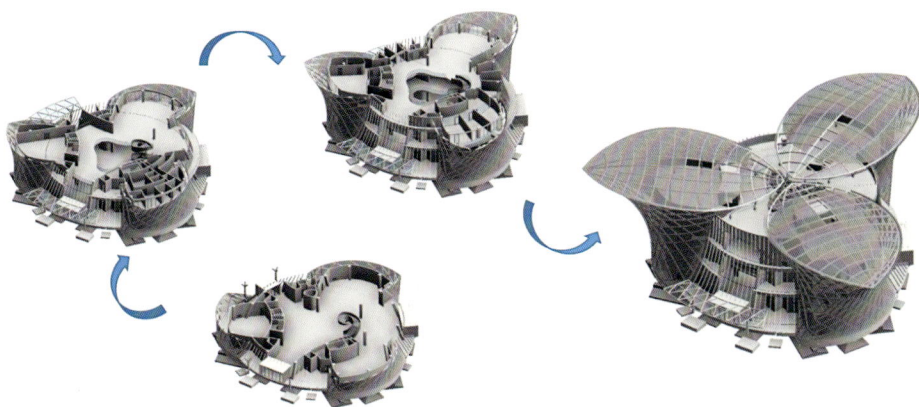

内部的"空"与外部的"形"

　　建筑形态从启迪的企业标志出发，整体造型由三片立体旋转上升的"叶子"及中间的裙体组合而成。三片"叶子"中一片指向水面，另外两片"叶子"之间的"腋"朝向园区轴线，正好形成了建筑的主入口。从高空俯瞰，三片"叶子"形成的稳定图案与Y形河道在形态上形成呼应。

"空"与"形"的融合

　　建筑内部一层为展览区域，二层为企业展示区，三层主要为办公区。各层的功能分区结构具有可调整性，能灵活地适应展览、培训、会议等各种使用空间的要求。其空间氛围的塑

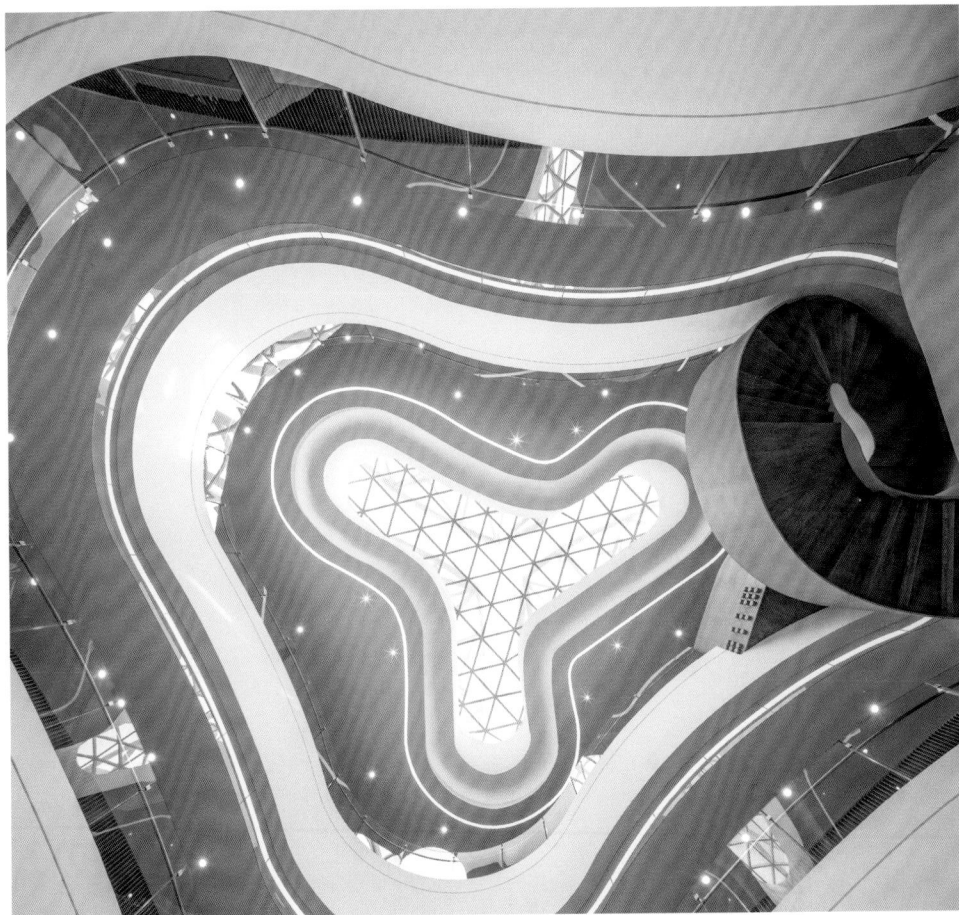

造强调开放性、场所性、舒适性、多元性、生态性、地域性。内部空间划分为正式交流空间
和非正式交流空间，以满足不同交流活动对空间的需求。

　　三片"叶子"体量内容纳了主要的使用功能，三片"叶子"在底层呈错动围合的关系，自
下而上扭转变化，至顶面呈现"叶子"分开而"基部"连结的形态，这样的动态形体也自然
形成了动态的内部空间。中庭被三片"叶子"围合而成，下宽上窄，且随着建筑形体的扭转
形成流动光滑的曲线。在充满流线感的中庭里，设置了一个极具雕塑感的螺旋楼梯，螺旋楼
梯嵌在中庭一个曲线同样柔和的凹口里，如同从母体里生长出的胚胎。中庭顶部设置天窗，
阳光洒进中庭，让内部空间得到良好的采光。

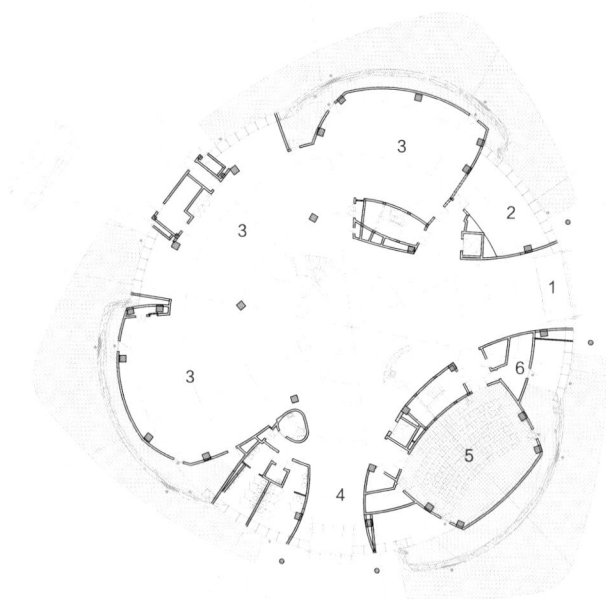

1 主门厅
2 贵宾接待室
3 企业展示区
4 次门厅
5 会议室
6 备用设备房

一层平面图

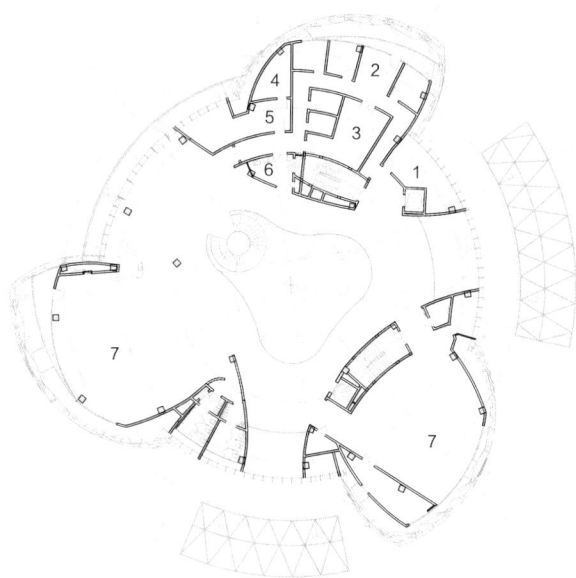

1 VIP室
2 甲方办公
3 乙方办公
4 资料室
5 财务部
6 茶水间
7 办公室

二层平面图

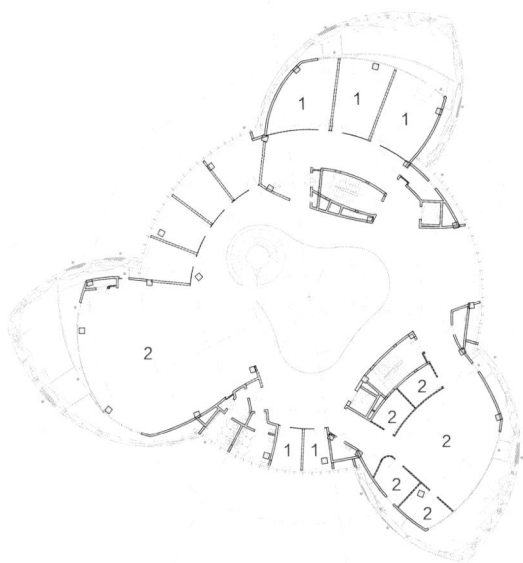

三层平面图

1 会议室
2 办公室

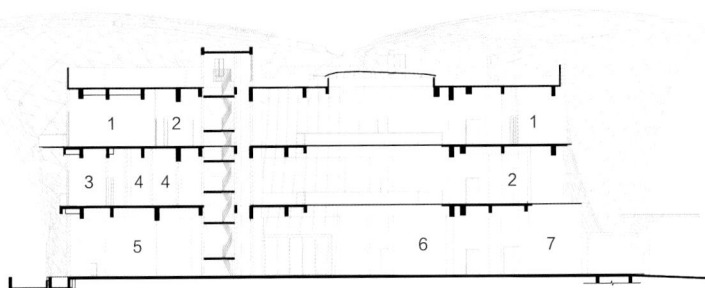

剖面图

1 会议室
2 办公区
3 客服
4 更衣室
5 企业展示区
6 中庭
7 次门厅

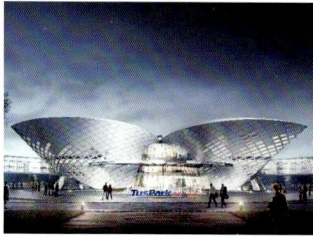

曲面幕墙　　　　　　　　　菱形折面幕墙　　　　　　　三角形折面幕墙

最初网格划分　　　　　　　　　　　　　　优化后网格划分

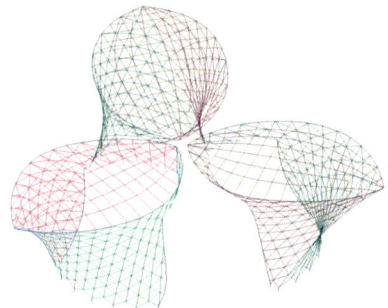

优化杆件定位

优化前：管线杂乱重叠、交叉多　　　　　　　优化后：管线排列整齐，节省空间

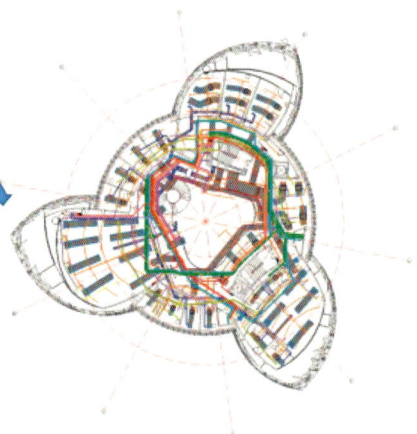

优化管线

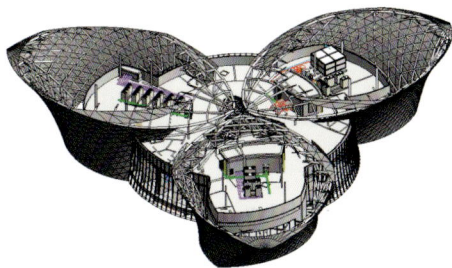

模型中优化设备机组安装位置

BIM模型指导钢结构装配

技术手段保障"形"的落地

这个扭转生成的建筑造型相比于正交体系为主的常规建筑造型面临着更多的挑战。为了详细、准确地指导施工，本项目采用了BIM技术、装配式技术，以及设计方主导的EPC建造模式，来保障"形"的落地。

建筑与幕墙专业：利用Revit中的三维可视化参数信息应用来获得最优的形体。经过若干轮优化，幕墙的分格形式由曲面幕墙到折面幕墙；由菱形分格到三角形分格；最小垂直边长由3000mm降低到1500mm；顶面板块类型由242种简化到127种。经过优化，既满足了造型要求，又便于加工安装，降低了加工成本。

结构专业：利用参数化应用生成网壳杆件初始中心线，再将网壳杆件初始中心线导出至AutoCAD，修改网壳外形，综合考虑结构性能、美观、制造和成本，优化杆件定位。

机电管线综合专业：利用BIM模型对机电管线安装空间进行核查，不满足净高要求的位置提出净高核查报告。在Revit中进行机电管线协同，优化各专业管线路由。充分利用屋顶网架内空间，使设备机组分区域安装在建筑形体内，既隐蔽美观，又满足功能要求。

建造施工的阶段：BIM模型可以很好地协助管理装配式施工，对每个构件进行清晰的编号管理，保证了施工过程的有序和高效。

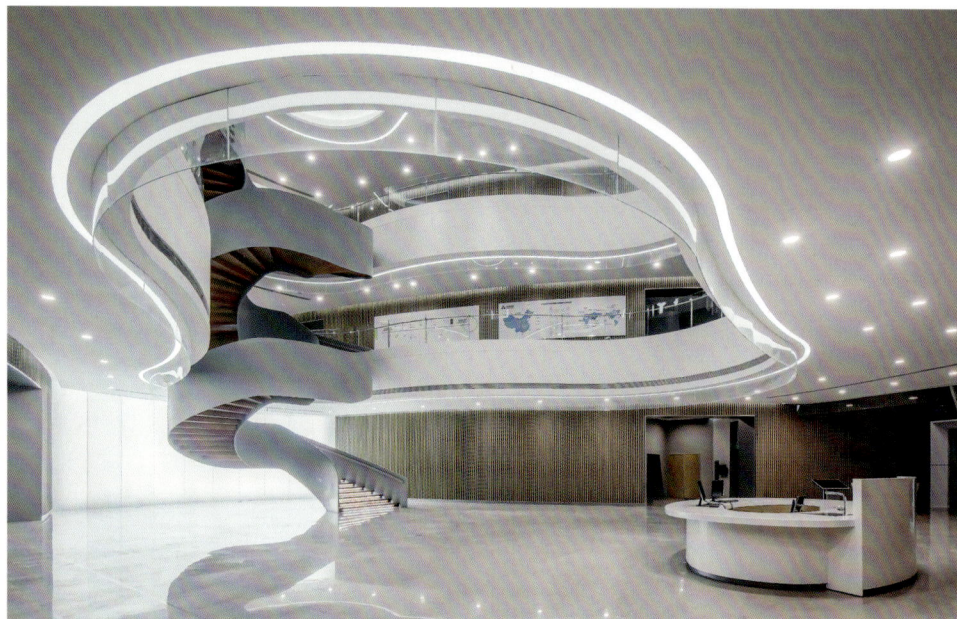

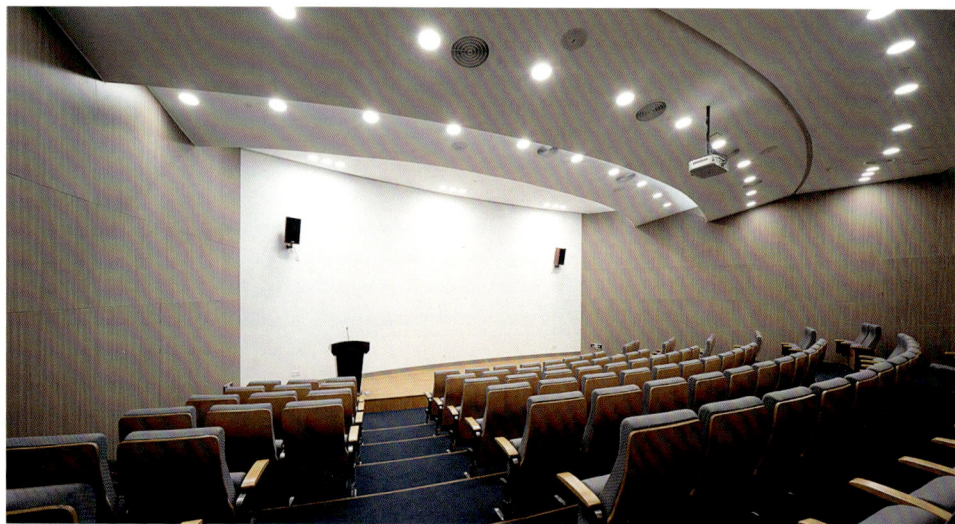

4.4　自然而然——那拉提草原游客中心

新疆伊犁州，2022

建筑的轮廓如同一朵五个花瓣的鲜花盛开在草原上，屋顶铺设人工绿化，屋面绵延起伏，宛如一个微缩的空中草原。

那拉提草原位于新疆维吾尔自治区伊犁州新源县东部。无垠的草原在广袤的大地上肆意地起伏，深深浅浅的绿勾勒出柔美而有力的线条，白云在绿野之上悠闲的游荡，野花在这片绿色的画板上渲染出色彩斑斓……

对笔者而言，这处风光迤逦之地，却是完全的异乡，与在江南所见的地理风貌、人文传统、建筑风格都极不相同。如何在这种纯粹的自然地形中设计与建造，成为一个全新的命题。

长期生活工作在苏州，苏州精致的园林一直在影响着笔者的创作。"虽由人作，宛自天开"是中国传统园林的创作宗旨和审美法则。其基本含义是指园林虽是人工创造完成的，但其呈现的景色看起来必须好像是天然造化生成的一般。园林中取意自然、提炼自然、融入自然的设计宗旨也可以在这片草原上得到"自然而然"的诠释。

如何通过挖掘场所之"理"，解读内在隐性语汇，"自然而然"地建造？自然虽充满无限自由，但答案自在其中。"自然而然"的生长基因早已蕴涵在基地的隐性力量之中。当我们一次又一次不断审视基地时，这股力量开始在潜意识中逐渐萌生。周围绵延起伏的草甸、山顶漂浮的洁白云朵，脚下肆意蔓延的野花正在脑海中勾勒着优美的线条，描绘出建筑愈渐清晰的模样。

草原上的花朵
以那拉提草原上的花朵为原型进行图案提取与优化并生成建筑，
让建筑以自然的形态存在于草原之中

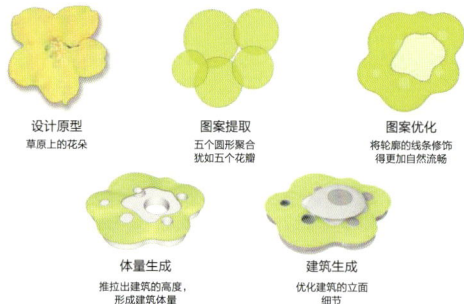

设计原型
草原上的花朵

图案提取
五个圆形聚合
犹如五个花瓣

图案优化
将轮廓的线条修饰
得更加自然流畅

体量生成
推拉出建筑的高度，
形成建筑体量

建筑生成
优化建筑的立面
细节

拟态自然的起伏屋面

我们以草原上花朵为原型勾勒出建筑的轮廓，然后拟态空中草原的地形，营造出一个连绵起伏的大屋面。起伏的屋面与绵延的草原山丘走势遥相呼应，宛如一个微缩的空中草原。建筑延续了草原的景观，模糊了人工与自然的边界，使得建筑与自然有机融合。

建筑的主体则覆盖于这片起伏的花瓣状屋面之下。屋顶的起伏同时也塑造了室内的空间变化——时而高耸，时而低落，使得空间产生了新的"机会"。灵活设置的室内空间也配合着屋顶的起伏，呈现出富有张力的戏剧化体验，同时人在建筑中也能获得多样的观景视点。四季变幻的河谷草原风光，透过落地的幕墙倾泻而入室内，置身其中，真切感受大自然的生动和辽阔。

整座建筑和自然环境形成一种"看与被看"的对话关系。当人们徜徉于巩乃斯河畔，游客中心曲折的轮廓会呈现出动态的变化，颇有"横看成岭侧成峰"之意。连续的玻璃幕墙反射天光与草原的变化，仿佛消隐在环境中。

自然生长的中庭空间

放射形的建筑平面以圆形通高的中庭为核心，串联周边商业和展览空间，如花瓣一般，呈现向环境打开的姿态。大厅中的螺旋楼梯是视觉的焦点，拥有盘旋向上的动势，行走中的人仿佛被卷入空间漩涡之中，被空间引力从一个楼层缓缓导向另一个楼层。

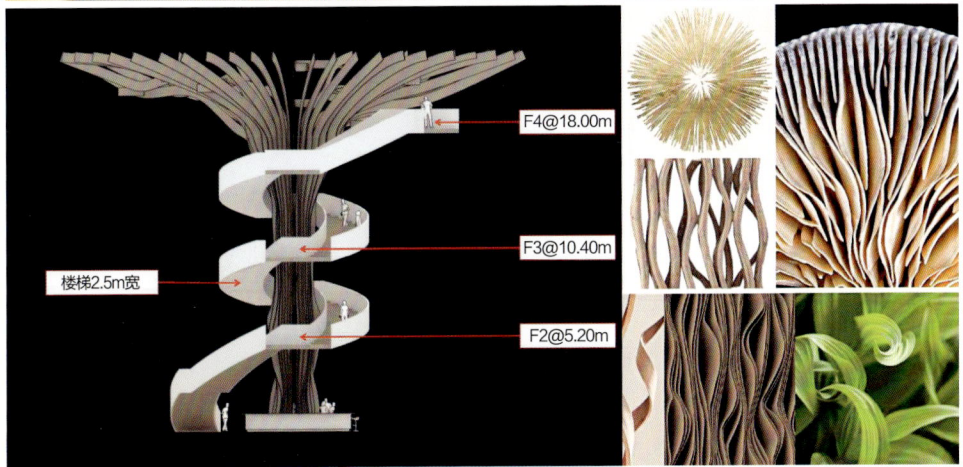

楼梯的中间以36根木纹格栅旋转生成一棵"大树"，漩涡状的灯具犹如花朵摇曳在枝头。韵律感的树状构造，让人在建筑中产生了关于森林的遐想，从而在更高的层面上融于自然。整个中庭犹如在自然中自由生长，蔓延出流动、交织、复合的空间。建筑空间成为自然场所的有机延伸，每个人都能在这里找到让自己足够舒适的空间，获取在自然中自由探索的体验感。阳光从天窗倾泻而入，弥散在曲面空间中。游客、活动、空间、自然在"树"下拉开序幕。

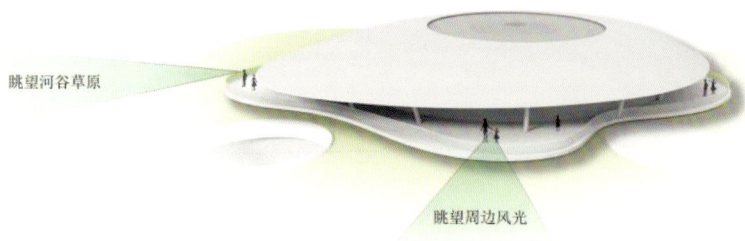

眺望河谷草原

眺望周边风光

自然之上的观光之环

建筑主体融于大地景观之中，环形的观光平台则被整个草原所烘托，漂浮于草原之上。它仿佛洁白的毡房点缀于草原之间，又如轻盈的云朵游走于山丘之上。如果说建筑主体是以"消隐的无"回应自然，那么观光平台则是以"几何的有"创造存在。"有无"相生，寻求自然营造的微妙平衡。

观光环廊有内外两个环面，内环连通中庭空间，由旋转楼梯联系下层主体空间；外环则是一圈通透的玻璃幕墙。巩乃斯河畔的自然风光流淌并充盈整个环廊空间。环廊之外则是一圈室外观景平台，游客沿着平台游览，一幅360°山水草原的立体画卷在眼前徐徐展开，人与自然的共鸣在时间、空间中得以延续和强化。

椭圆形的弧形屋面覆盖于观光环廊之上，它既营造了一个遮风避雨的空间，又和观光环廊一起形成了一个有标志性的造型。白天它姿态轻盈、玲珑通透，给游客一个观光之所；夜晚，自内而亮的光芒融化在月光如水的夜色中，成为旅人们前行路上的灯塔。它在汲取周围景观的同时，也能给草原回馈一道新的景观。在隐入自然的同时，再植入符号化、几何化的"存在"，为场地注入标识性及永恒感。

显山露水，却融入了这片山水，以"显"的智慧给这片山水画卷添加了画龙点睛的一笔。

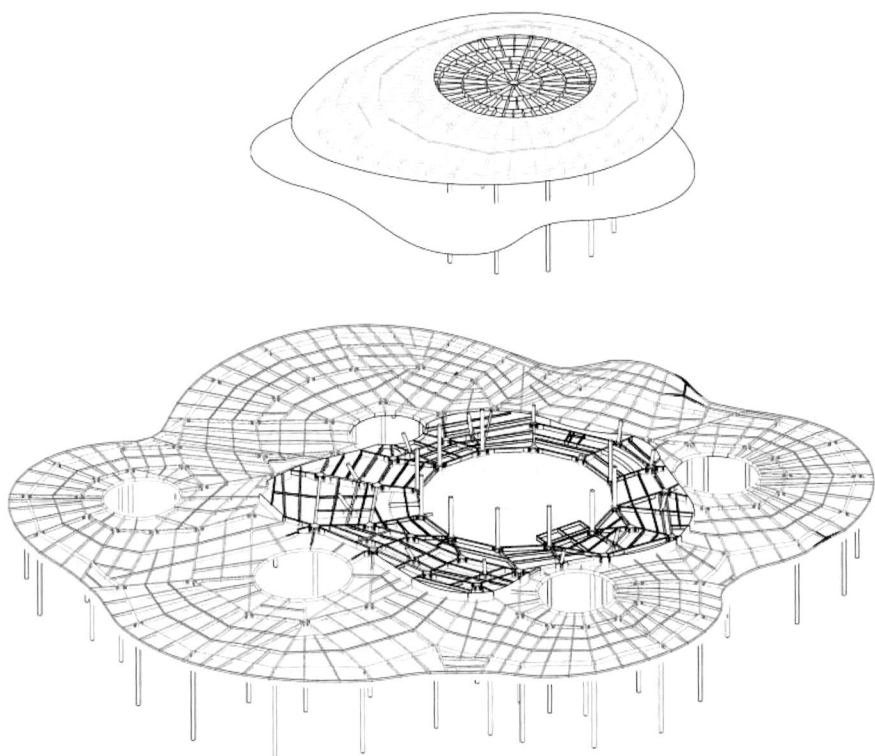

成就自然的技艺之美

　　源于技，方可达于艺。整个建筑采用钢结构预制装配的形式，数百根钢梁顺应屋面起伏的趋势，呈放射状布局，形成一个流畅而富有张力的结构空间。其内部结构以自然法则建构逻辑，以技术能力探究人类制造美的潜力，展现出技术理性所能呈现的逻辑之美，同时又仿佛超越了地心引力和结构法则的束缚。

　　赋予结构以艺术，亦能成就建筑自然之美。中庭顶部的36根钢梁宛如花蕊般由中心向四周有规律的展开，绽放出一个巨大的圆形天窗。阳光被天窗下裸露的钢结构的轮廓镂空成优美的图案，洒落到中庭空间。光移影动，自然悄然渗入建筑，给游客们演绎着一段光影的戏剧。中庭的旋转楼梯如藤蔓在阳光下盘旋着向上生长，以结构原本的逻辑诠释着力学之美。在这里，功能、结构与形式有机融合，技术和艺术相辅相成。

228 合一的建筑

结语

　　"自然"是客观，"而然"则是尊重客观"自然"的主观。"自然而然"的建筑正是在探究自然背后规律与法则的基础上而进行的创造与升华。建筑作为人与自然的中介，应当纳入一个与环境相通的系统中，与自然环境的共生互融，使人工环境与自然环境相协调、融合、共生。我们只需"略加影响"，从自然中汲取灵感，"自然而然"地设计与建造"自然而然"的建筑。

工程信息

1993　　　　苏州革命博物馆

　　　　　　　项目类型：博物馆
　　　　　　　项目地点：江苏苏州

1995　　　　新苏工业坊

　　　　　　　项目类型：工业办公
　　　　　　　项目地点：江苏苏州
　　　　　　　项目规模：116068m²

　　　　　　　馨都广场

　　　　　　　项目类型：商业建筑
　　　　　　　项目地点：江苏苏州

1996　　　　纳贝斯克饼干厂

　　　　　　　项目类型：工业建筑
　　　　　　　项目地点：江苏苏州

2001　　　　苏州大学理工实验楼

　　　　　　　项目类型：教育建筑
　　　　　　　项目地点：江苏苏州

2002　　　　苏州大学本部图书馆

　　　　　　　项目类型：教育建筑
　　　　　　　项目地点：江苏苏州

2002　　江苏省木渎高级中学

　　　　　　项目类型：教育建筑
　　　　　　项目地点：江苏苏州

2003　　苏州研究生城综合楼

　　　　　　项目类型：教育建筑
　　　　　　项目地点：江苏苏州

2004　　建园大厦

　　　　　　项目类型：办公
　　　　　　项目地点：江苏苏州

　　　　　　苏州伊莎中心

　　　　　　项目类型：办公
　　　　　　项目地点：江苏苏州

2005　　苏州工业园区人民法院

　　　　　　项目类型：司法建筑
　　　　　　项目地点：江苏苏州

2006　　常熟市公安局办公综合楼

　　　　　　项目类型：行政办公楼
　　　　　　项目地点：江苏常熟

苏州工业园区市场大厦

项目类型：办公
项目地点：江苏苏州
合作单位：德和威工程咨询（上海）有限公司

中银惠龙大厦

项目类型：办公
项目地点：江苏苏州

2007　　苏州太湖高尔夫会所

项目类型：酒店
项目地点：江苏苏州

2008　　苏州越溪中学

项目类型：教育建筑
项目地点：江苏苏州

2009　　环秀晓筑养生度假村

项目类型：酒店
项目地点：江苏苏州

2010　　星海街9号改造

项目类型：既有建筑改造/办公
项目地点：江苏苏州
项目规模：12673m^2

苏州太湖文化论坛国际会议中心

项目类型：会议中心
项目地点：江苏苏州
项目规模：65783m²

书香世家・平江府

项目类型：酒店
项目地点：江苏苏州
项目规模：19233m²

苏州高新区科技大厦

项目类型：办公
项目地点：江苏苏州
项目规模：113167m²

2010   **吴中大厦**

项目类型：办公
项目地点：江苏苏州
项目规模：51287m²

2011   **苏州慈济园区**

项目类型：文化建筑
项目地点：江苏苏州
项目规模：63218m²

苏州东山宾馆一期绛云楼改造

项目类型：酒店
项目地点：江苏苏州
项目规模：2567m²

2011

苏州工业园区招商银行大厦

项目类型：金融办公
项目地点：江苏苏州
项目规模：44851m^2

苏州广播电视总台新媒体中心

项目类型：办公
项目地点：江苏苏州
项目规模：18261m^2

苏州交通一号线工程控制中心大楼

项目类型：办公
项目地点：江苏苏州
项目规模：57697m^2

苏州汽车北站改建工程

项目类型：交通设施
项目地点：江苏苏州
项目规模：24778m^2

苏州吴中商务中心

项目类型：办公
项目地点：江苏苏州
项目规模：124225m^2

苏州市沧浪实验中学

项目类型：教育建筑
项目地点：江苏苏州
项目规模：38082m^2

2012

苏州轨交一号线天平车辆段与综合基地

项目类型：轨道交通
项目地点：江苏苏州
项目规模：80696m^2

苏州纳米科技城一期工程

项目类型：科研办公
项目地点：江苏苏州
项目规模：107733m^2

苏州信托大厦

项目类型：办公
项目地点：江苏苏州
项目规模：69105m^2

吴中现代文体中心

项目类型：文体&办公
项目地点：江苏苏州
项目规模：78023m^2

2013

潘祖荫故居改造（中路后半部及东路）

项目类型：酒店
项目地点：江苏苏州
项目规模：1800m^2

苏州高铁站枢纽区综合开发项目

项目类型：交通枢纽
项目地点：江苏苏州
项目规模：11552m^2

黄金水岸中心酒店

项目类型：酒店
项目地点：江苏苏州
项目规模：39745m²

2013　　苏州工业园区交通银行大厦工程

项目类型：金融办公
项目地点：江苏苏州
项目规模：64468m²

苏州市公安（应急）指挥中心

项目类型：办公
项目地点：江苏苏州
项目规模：81102m²

2014　　中银大厦

项目类型：金融办公
项目地点：江苏苏州
项目规模：99640m²

江苏移动苏州分公司工业园区新综合大楼

项目类型：办公
项目地点：江苏苏州
项目规模：85697m²

吴江总部经济大楼

项目类型：办公
项目地点：江苏苏州
项目规模：69533m²

苏州老年公寓（颐养家园）项目

项目类型：老年公寓
项目地点：江苏苏州
项目规模：81592m²

张省艺术馆

项目类型：文化场馆
项目地点：江苏苏州
项目规模：3073m²

2015　　江苏银行苏州分行园区办公大楼

项目类型：金融办公
项目地点：江苏苏州
项目规模：48589m²

苏州妇女儿童活动中心迁建工程

项目类型：文体场馆
项目地点：江苏苏州
项目规模：44147m²

苏州市吴江区笠泽实验初级中学

项目类型：教育建筑
项目地点：江苏苏州
项目规模：35952m²

月亮湾地块B05项目

项目类型：超高层
项目地点：江苏苏州
项目规模：136575m²

2015

国发·平江大厦

项目类型：办公
项目地点：江苏苏州
项目规模：115533m²

甪直游客服务中心

项目类型：游客中心
项目地点：江苏苏州
项目规模：14286m²

国库支付中心

项目类型：办公
项目地点：江苏苏州
项目规模：60742m²

吴中区公检楼

项目类型：办公
项目地点：江苏苏州
项目规模：67799m²

2016

顾村规划展示馆

项目类型：文化场馆
项目地点：上海
项目规模：13321m²

东山宾馆叠翠楼

项目类型：酒店
项目地点：江苏苏州
项目规模：24891m²

苏地2009-B-76号地块综合楼

项目类型：商业办公
项目地点：江苏苏州
项目规模：115544m²

苏州工业园区久龄公寓

项目类型：老年公寓
项目地点：江苏苏州
项目规模：60158m²

2017

龙湖·苏地2013-G-18号地块（四号地块）项目

项目类型：商业综合体
项目地点：江苏苏州
项目规模：278062m²

吴江中学初中部

项目类型：教育建筑
项目地点：江苏苏州
项目规模：29141m²

苏滁产业园国际商务中心

项目类型：办公
项目地点：安徽滁州
项目规模：50507m²

姑苏软件园项目

项目类型：办公
项目地点：江苏苏州
项目规模：204252m²

顾村菊泉文化展示馆

项目类型：文化场馆
项目地点：上海
项目规模：8144m²

苏州吴中凤凰广场

项目类型：商业办公
项目地点：江苏苏州
项目规模：31791m²

2018　　苏州高新区实验初级中学东校区扩建工程

项目类型：教育建筑
项目地点：江苏苏州
项目规模：18326m²

南溪江商务中心

项目类型：商业
项目地点：江苏苏州
项目规模：120585m²

冯梦龙纪念馆工程

项目类型：文化建筑
项目地点：江苏苏州
项目规模：394m²

2019　　江苏硅谷展示馆

项目类型：办公
项目地点：江苏句容
项目规模：4461m²

文旅万和广场

项目类型：商业办公
项目地点：江苏苏州
项目规模：81707m²

2019

大兆瓦风机新园区项目

项目类型：工业建筑
项目地点：江苏无锡
项目规模：44014m²

国裕大厦二期

项目类型：办公
项目地点：江苏苏州
项目规模：52291m²

苏州港口发展大厦

项目类型：商业办公
项目地点：江苏苏州
项目规模：94232m²

环古城南新路地块改造整治工程

项目类型：商业
项目地点：江苏苏州
项目规模：21161m²

中国科学院空天信息创新研究院苏州园区

项目类型：办公
项目地点：江苏苏州
项目规模：47266m²

冯梦龙村党建文化馆二期工程

项目类型：文化建筑
项目地点：江苏苏州
项目规模：259m²

2020　　　　苏州太美逸郡酒店

项目类型：酒店
项目地点：江苏苏州
项目规模：20936m²

潘祖荫故居三期

项目类型：城市更新
项目地点：江苏苏州
项目规模：861m²

中铁第四勘察设计院苏州创意产业园

项目类型：办公
项目地点：江苏苏州
项目规模：32862m²

冯梦龙村山歌文化馆

项目类型：文化建筑
项目地点：江苏苏州
项目规模：2135m²

2021　　　　元和活力岛城市副中心提升改造工程设计

项目类型：商业中心
项目地点：江苏苏州
项目规模：11552m²

行政中心5号楼维修改造设计

项目类型：行政办公
项目地点：江苏苏州
项目规模：35453m²

DK20170082地块项目

项目类型：工业建筑
项目地点：江苏苏州
项目规模：89197m²

2022

黄埭评弹书场项目

项目类型：文化建筑
项目地点：江苏苏州
项目规模：24370m²

中国汇融总部大楼建设项目

项目类型：办公
项目地点：江苏苏州
项目规模：17895m²

浙商银行苏州分行办公楼项目

项目类型：办公
项目地点：江苏苏州
项目规模：42675m²

苏州市会议中心综合提升工程

项目类型：城市更新
项目地点：江苏苏州
项目规模：85127m²

2023

启迪设计大厦

项目类型：办公
项目地点：江苏苏州
项目规模：78266m²

顾家花园4号保护修缮工程

项目类型：文化建筑
项目地点：江苏苏州
项目规模：255m²

那拉提游客中心

项目类型：文化建筑
项目地点：新疆伊犁
项目规模：26941m²

知行科技总部大楼

项目类型：办公
项目地点：江苏苏州
项目规模：71693m²

科特建筑装饰有限公司总部大楼

项目类型：办公
项目地点：江苏苏州
项目规模：37657m²

后记

　　站在2023年，本书编撰完成的今天，我已从事建筑设计33年。2017年，公司在创业板上市一年后，我带领几个年轻人组建了一个小型研究型工作室，起名为"合一工作室"，名字缘起于中国古代哲学思想中的"天人合一""知行合一"，也是认识论和实践论的命题。我希望我们的建筑能够尊重城市发展脉络与自然环境，融合历史与文化，并能打破各专业间的壁垒，做到建筑、景观、室内等多专业一体化设计，并与施工建造有效衔接，以"融合共生，唯精唯一"作为设计思想和工作态度，进行建筑理论研究与创作实践。

　　工作室成立之初，先从乡村的规划建设开始，然后是古城的更新改造，还有超低能耗绿色建筑的研究，都是很小的项目。很感谢工作室团队的努力，这是一个年轻富有朝气的团队，也是具有探索力与创新力的团队。这些小项目建成后，在业界和社会上都获得了一些赞誉，也获得了一些奖项。这两年依托启迪设计大厦的设计建造，积极探索研究，同时在城市高端营造与乡村地域实践双线并行，在大型公建、乡村振兴、古城复兴、绿色建筑等多个板块积累了一定经验，同时兼顾科研课题研究、专利申请、论文写作等学术研究活动。

　　也是有了这些年工作室在建筑理论研究与建筑创作方面积累的经验，才让"合一"的理论在实践中逐渐成型，并为这本书打下了一定的基础。希望在今后的设计生涯中，能继续和工作室的同事共同努力，遵循"对话与合一"的初衷，在设计工作中做出更多的成绩。

查金荣

2023.5